新鲁菜大典

2022

陈永庆　主编

青岛出版集团 | 青岛出版社

图书在版编目（CIP）数据

新鲁菜大典. 2022 / 陈永庆主编. — 青岛 : 青岛
出版社, 2023.9
ISBN 978-7-5736-1453-7

Ⅰ.①新⋯　Ⅱ.①陈⋯　Ⅲ.①鲁菜—菜谱　Ⅳ.
①TS972.182.52

中国国家版本馆CIP数据核字(2023)第167067号

XIN LUCAI DADIAN 2022
书　　名	新鲁菜大典 2022
主　　编	陈永庆
出版发行	青岛出版社
社　　址	青岛市崂山区海尔路182号（266061）
本社网址	http://www.qdpub.com
邮购电话	0532- 68068091
策　　划	周鸿媛
责任编辑	肖　雷　刘　倩
封面设计	毛　木
制　　版	青岛千叶枫创意设计有限公司
印　　刷	深圳市国际彩印有限公司
出版日期	2024年4月第1版　2024年4月第1次印刷
开　　本	8开（787毫米×1092毫米）
印　　张	28.75
字　　数	599千
图　　数	743
书　　号	ISBN 978-7-5736-1453-7
定　　价	398.00元

编校印装质量、盗版监督服务电话 4006532017　0532-68068050

"新时代 新鲁菜" 2022 创新大赛组委会单位

指导单位　　中共山东省委宣传部

主办单位　　中央广播电视总台山东总站

央视频

山东省商务厅

山东省文化和旅游厅

潍坊市人民政府

山东省旅游饭店协会

承办单位　　中共潍坊市委宣传部

潍坊峡山生态经济开发区管理委员会

央拓国际融合传播集团有限公司

山东省烹饪协会

编委会

序

在鲜花盛开的五月，我们欢聚在美丽的山东潍坊峡山，举办了第二届"新时代　新鲁菜"创新大赛的决赛和颁奖典礼。这场盛会虽然因为疫情而姗姗来迟，但丝毫没有影响广大美食爱好者对鲁菜创新的热情与期盼，1000多位厨师参与本届大赛，既展现了鲁菜悠久的历史文化，更激发了鲁菜创新发展的活力。

本届"新时代　新鲁菜"创新大赛共收到参赛菜品1858道，通过筛选，有近200道菜品进入决赛。经过在峡山激烈角逐，过五关斩六将，最终"十大年度创新菜品"脱颖而出，20款"我最喜爱的新鲁菜"人气爆棚，100款"最具价值的新鲁菜"群星璀璨，所有这些，将为下一步发展预制菜等产业提供丰富的样本。

本届大赛创造了国内饭店行业美食赛事的三项新纪录，即参与人数最多、参赛范围最广、影响面最大。在央视频中央广播电视总台山东总站的账号上，获得了2280万次的播放和点赞。特别值得一提的是，还有来自中国港澳台地区以及海外36个国家的176道创新菜品也参与了本届大赛，充分体现了鲁菜的包容性和世界影响力。

鲁菜作为中国八大菜系之一，秉承着对食材的尊重、对美味的追求、对烹饪技艺的精益求精，数千年来薪火相传，与时俱进，为辉煌璀璨的中华文明烹饪史做出了重大的贡献，但是，随着社会经济的发展，人们在美食领域更多地追求健康、营养、绿色的理念，传统鲁菜面临着巨大挑战。"新时代　新鲁菜"大赛就是要以传承与创新相结合的姿态，全面促进鲁菜在形、色、味、摆盘、盛器等方面的改进，实现鲁菜的不断创新。

本届大赛还有一个鲜明的特点，就是设置了预制菜转化创新奖，共有8家企业的10个菜品获得了这一殊荣。随着人们生活节奏的加快，预制菜作为一种方便、快捷的美食，正逐渐成为都市人群消费的热点，也正在成为资本市场追捧的热点。本届大赛在决赛现场专门设置了预制菜展区，契合了我们要通过新鲁菜大赛，为中国预制菜产业发展注入新活力的愿景。正如我们在大赛宣传片中所言：创新鲁菜，预制未来！

如果说2021年第一届新鲁菜大赛是吹响了鲁菜创新的集结号，那么2022年第二届的新鲁菜大赛则标志着鲁菜创新进入了攻坚和转化的关键阶段，成为展现鲁菜创新之美的大舞台，在这个舞台上，我们充分领略了新鲁菜的历史文化之美、食材特质之美、烹饪技法之美、色彩造型之美、环保健康之美。

在大赛举办的每一天里，我们都被国内参赛选手的敬业精神所感染，被海外参赛选手对故乡的眷恋所感动。新鲁菜大赛倡导的正是全社会对厨师行业的尊重以及无远弗届，爱国、爱家、爱生活的理念。在此，要深深地感谢所有参赛选手的锐意创新和辛勤劳动；感谢大赛评委的尽心尽职；感谢中央广播电视总台各级领导、山东省政协领导、山东省委宣传部领导的亲自关怀；感谢山东省商务厅、省文化和旅游厅、省旅游饭店协会、省烹饪协会、省饭店协会的通力合作；感谢省委统战部、省发改委、省人力资源和社会保障厅、省农业农村厅、省外事办、省市场监督管理局等有关部门的大力协助；特别要感谢潍坊市委宣传部、潍坊峡山生态经济开发区管理委员会的大力支持；感谢所有为本次大赛付出艰辛劳动的各界朋友们！

为了将本次大赛的成果展现给更多的美食爱好者，为鲁菜的创新留下宝贵的历史资料，组委会编辑出版了《新鲁菜大典2022》，共收录了186道创新菜品，并为每道入选菜品特意创作诗词、篆刻菜名、设置二维码，既增添了古典的文化气息，又体现了移动互联网时代的传播特点。

新的一年，我们将一如既往地关注鲁菜创新，希望通过"新时代　新鲁菜"创新大赛，让更多的人认识新鲁菜、爱上新鲁菜。疫情已经过去，生活需要美好，祝愿广大的美食爱好者胸怀敞开、笑口常开、胃口大开！

"新时代 新鲁菜"创新大赛组委会主任　陈永庆

2023年5月于济南流萤书屋

"新时代 新鲁菜"
创新大赛
2022 年度 "十大鲁菜创新菜品"

阿茂黄河大鲤鱼	潍坊市
沉鱼落雁	济南市
秘制玉参烧牛肉	济南市
泰山福禄如意卷	泰安市
飞燕全鱼戏牡丹	菏泽市
清香花蕊白牡丹	菏泽市
蟹粉珍珠扇贝圆	威海市
如花似玉	烟台市
泰山天花药膳煲	泰安市
黄精赤鳞鱼	泰安市

"新时代 新鲁菜"
创新大赛
2022 年度 "20 款我最喜爱的新鲁菜"

虫草鲍鱼鸡	潍坊市	水煮金鸡肉	潍坊市
当红辣子鸡	潍坊市	新派海参菌菇羹	潍坊市
蟹黄灌汤狮子头	临沂市	安丘姜蓉烤河鳗	潍坊市
泰山天花药膳煲	泰安市	松茸老鸡煲海参	济南市
泰山祈福	泰安市	阿胶蒲香黑猪肉	济南市
黄精赤鳞鱼	泰安市	水晶鲍鱼石榴鸡	潍坊市
山海结灯彩	青岛市	四喜丸子	潍坊市
海沙子煨虾球	济南市	炒面蒸肉	潍坊市
牡丹金汤虾球	菏泽市	鱼头佛跳墙	枣庄市
千丝裹牛肉	潍坊市	辣椒炒肉	济南市

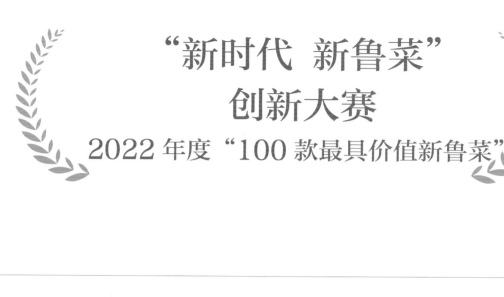

"新时代 新鲁菜"
创新大赛
2022 年度 "100 款最具价值新鲁菜"

当红辣子鸡	潍坊市	松茸老鸡煲海参	济南市
虫草鲍鱼鸡	潍坊市	四喜丸子	潍坊市
泰山天花药膳煲	泰安市	高密炉包	潍坊市
蟹黄灌汤狮子头	临沂市	水晶鲍鱼石榴鸡	潍坊市
泰山祈福	泰安市	阿茂黄河大鲤鱼	潍坊市
山海结灯彩	青岛市	硕果累累	济南市
黄精赤鳞鱼	泰安市	鱼头佛跳墙	枣庄市
牡丹金汤虾球	菏泽市	富贵花开	威海市
千丝裹牛肉	潍坊市	鱼羊之恋	济南市
海沙子煨虾球	济南市	秘制玉参烧牛肉	济南市
安丘姜蓉烤河鳗	潍坊市	炒面蒸肉	潍坊市
阿胶蒲香黑猪肉	济南市	蟹粉珍珠扇贝圆	威海市

金鸡送福	临沂市	辣椒炒肉	济南市
泰山福禄如意卷	泰安市	良友四喜丸子	日照市
一品狮子头	潍坊市	杏林春暖	淄博市
兰陵美酒浸带皮羊肉	临沂市	飞燕全鱼戏牡丹	菏泽市
清香花蕊白牡丹	菏泽市	鲜虾萝卜丸配什锦酸辣汤	潍坊市
冰花大肠炉包	潍坊市	平平安安	菏泽市
沉鱼落雁	济南市	潍坊新派酥锅	潍坊市
如花似玉	烟台市	五福久财吉祥面	烟台市
龙湖醉香鹅	潍坊市	黄甲传胪	东营市
金丝牛肋	济南市	齐民牛肉干	潍坊市
金瓜海参捞饭	济南市	金玉满堂	青岛市
胶东大虾海带面	威海市	山药煨鲍鱼	淄博市
玫瑰山药糕	淄博市	黑醋肋排配米麻薯	济南市
葛根马蹄糕	临沂市	妙笔生花	菏泽市
商埠压板鸡	淄博市	周村煮锅	淄博市
一品青莲	菏泽市	潍县萝卜虾饼拼素鹅卷	潍坊市
妙笔生花	烟台市	翰林四味豆腐箱	淄博市
蒙山养生白玉参	临沂市	古法蒸黄花鱼	烟台市
黄河口手撕鲈鱼	东营市	蹴鞠狮子头	淄博市

海珍毛头丸子	烟台市	书写新矿	泰安市
芦菔烧野生大墨鱼	威海市	巨淀湖鱼头煲	潍坊市
糯米流沙球	济南市	绊马石	德州市
九品贡煎饼	泰安市	蟹粉鸡蓉羹	潍坊市
风味过桥羊排	临沂市	村长家的红烧肉	东营市
特色熏猪手	东营市	海带菜粑粑	威海市
八宝南瓜	潍坊市	黄焖甲鱼	潍坊市
诸城烧烤	潍坊市	养生豆腐丸	潍坊市
千层白菜	济南市	全家福	烟台市
榴取丹心	枣庄市	鸿运当头	菏泽市
养生黄金糁	临沂市	百合梨膏烧牛肋	烟台市
水煎鲫鱼	滨州市	果王脆皮鸡	枣庄市
虾子海参	烟台市	古法鲍鱼芦花鸡	重庆市－渝北区
京葱烧海参	济南市	海捕大虾炖丝瓜	威海市
菜乡小豆腐	潍坊市	南华登仙	菏泽市
一品桃胶灵芝鸡	泰安市	双味鸳鸯鱼	潍坊市
宁海州脑饭烩海参	烟台市	荔枝虾球	烟台市
红烧肉鲍罗汉	菏泽市	八宝虾仁	济南市
满城尽带黄金甲	菏泽市	香茅炒鸡配油条	济南市

"新时代 新鲁菜"
创新大赛
2022 年度 "十大创新面点"

硕果累累	济南市
高密炉包	潍坊市
金玉满堂	青岛市
山海结灯彩	青岛市
一品青莲	菏泽市
葛根马蹄糕	临沂市
胶东大虾海带面	威海市
玫瑰山药糕	淄博市
九品贡煎饼	泰安市
五福久财吉祥面	烟台市

"新时代 新鲁菜"
创新大赛
2022 年度"预制菜转化创新奖"

香煎无刺三文鱼	烟台市
糖醋脆汁鸡	烟台市
肉末宽粉	烟台市
金汤肥牛	烟台市
海鲜水饺	烟台市
肥肠毛血旺	烟台市
莓莓四季	烟台市
彩椒鸡柳	烟台市
鲍鱼红烧肉	烟台市
虫草鲍鱼鸡	潍坊市

"新时代 新鲁菜"
创新大赛
2022 年度"优秀奖"

胡椒泰国虾	台湾
富蚝沂蒙山炒鸡	香港
火焰盐焗鸡	香港
京葱爆羊肉	香港
牛肉洋葱饺子	香港
小葱拌豆腐之鲁港合作新篇章	香港
脆皮乳鸽	澳门
一帆满载白玉环	澳门

"新时代 新鲁菜"
创新大赛
2022 年度 "海外最佳传播奖"

爆炒腰花	俄罗斯	富贵牡丹鱼	俄罗斯
山东扣肉	南非	菠萝虾球	德国
宫保鸡丁	日本	糖醋咕咾肉	俄罗斯
拔丝山药	韩国	四喜丸子	韩国
山东海鲜炒码面	巴西	芙蓉鸡片	韩国
糖醋里脊	意大利	锅塌黄鱼	韩国
济南把子肉	美国	肉末海参	韩国
红酒牛肋烩活鲍	巴西	油焖大虾	德国
糖醋排骨	马来西亚	莴笋鲍鱼片	澳大利亚
飞燕鲈鱼	葡萄牙	喜鹊桂花鱼卷	菲律宾
红豆莲子烩鲍鱼	菲律宾	糖醋鲤鱼	波兰
把子肉	意大利	把子肉一锅出	新西兰

宫保玉鼎虾球	新加坡	火焰鲍鱼	葡萄牙
宫保鸡丁	俄罗斯	橙香鲜虾牛肉粒	奥地利
方圆世界	英国	辣椒炒肉	美国
辣炒巴蛸	韩国	炝拌腰花	加拿大
虾仁鸡肉馅包子	厄瓜多尔	特制黑醋咕咾肉	日本
番茄菌菇滑鱼片	匈牙利	爆炒芹菜墨鱼仔	朝鲜
糖醋里脊	韩国	香煎芦花鸡	匈牙利
油泼鲅鱼	美国	香酥鸡	南非
羊汤	加拿大	盘龙带鱼	尼日利亚
山东花生烤鲈鱼	英国	五彩炒虾仁	匈牙利
爆炒腰花	西班牙	鱼香茄子	韩国
红烧鲳鱼	韩国	农家萝卜圆	波兰
山药烧蹄筋	波兰	友谊之船	俄罗斯
花开富贵	匈牙利	芝士翡翠白菜卷	奥地利
素喜丸子	日本	麻辣豆腐	俄罗斯
海虾焗伊面	菲律宾	酒香双色多瑙鱼	匈牙利
风味茄子	俄罗斯	葱炝鱼片	加拿大
北京烤鸭	匈牙利	金瓜蛋黄小豆腐	奥地利

山东萝卜丸子	美国	红烧猪蹄	西班牙
羊羊得意	加拿大	黄焖鸡	韩国
火爆双鲜	日本	油爆双脆	韩国
饺子	俄罗斯	苏式烧鹅	匈牙利
葱段烧海参	澳大利亚	大葱烤肉卷饼	英国
糖醋丰收鱼	德国	鲁菜把子肉	意大利
金丝杏仁虾排	奥地利	红烧大虾	韩国
富贵虾	匈牙利	风味茄子	尼日利亚
番茄酱秋葵配黄油猪排	德国	油焖大虾	美国
五彩缤纷	韩国	酸辣鸡	印度尼西亚
黑椒杏鲍菇烧牛柳	俄罗斯	辣椒炒五花肉	韩国
油焖大虾	巴基斯坦	鲅鱼茶泡饭	日本
龙腾四海全家福	智利	脆瓜炒扇贝	菲律宾
临沂炒鸡	匈牙利	木须肉	意大利
蒜蓉富贵虾	匈牙利	油焖大虾	俄罗斯
新派蟹黄蛋	波兰	香酥菩提果	波兰
红焖大海螺	菲律宾	蒸菜饼子	韩国
红烧肉	韩国	豆豉蒜蓉蒸扇贝	奥地利

小炒黄牛肉	俄罗斯	金丝白虾	德国
软玉豆腐香饼	英国	鲤鱼跳龙门	葡萄牙
芫爆鱿鱼片	韩国	泉水泰山老豆腐	莫桑比克
蓑衣丸子	匈牙利	香辣蟹	肯尼亚
黄焖鸡	美国	结义豆腐	日本
秘制红焖羊蝎子	匈牙利	葱油饼	德国
鹅肝炸酱一菜两吃	法国	古城羊肉汤	美国
金汤肥羊	俄罗斯	清蒸加吉鱼	日本
头菜炒螺片	韩国	熘鱼片	韩国
糖醋排骨	匈牙利	灵魂香辣虾	阿联酋
奶汤鲫鱼	韩国	时蔬瓜盅	匈牙利
葱烧北极参	加拿大	巧克力蛋糕	比利时
养生虾仁烧鸡蛋豆腐	匈牙利	宫保鸡丁	意大利
熘肥肠	俄罗斯	麻婆豆腐	韩国
鱼香肉丝	俄罗斯	可乐鸡翅	印度尼西亚
雪中送炭	奥地利	辣子鸡	巴基斯坦
木须肉	韩国	香辣馋嘴羊	加拿大
松鼠鱼	肯尼亚	大虾	德国

珍珠蛤蜊	美国	刺身海参	加拿大
一品豆腐	韩国	宫保鸡丁	韩国
虾仁炒鸡蛋	美国	黄焖鸡米饭	韩国
白菜心拌海蜇	俄罗斯	maracuja（百香果）	
辣炒牛肉	俄罗斯	爆炒海鲜	巴西
蛋黄酱虾仁	日本	土豆鸡	肯尼亚
海米烧茄子	南非	炒豆芽叉烧肉	韩国
辣炒海虹	俄罗斯	辣卤拼盘	俄罗斯
番茄菠萝三文鱼	德国	大盘鸡	加纳
小炒豆腐卷	马来西亚	西红柿炒鸡蛋	韩国
清汤银耳	韩国	家常炖豆腐	匈牙利
鲽鱼炖豆腐	德国	西红柿炒鸡蛋	巴基斯坦
蜜汁小人参	波兰	西红柿鸡蛋汤	韩国
螃蟹三吃	南非	酸辣土豆丝	韩国
油炸全蝎	韩国	茶叶蛋	老挝
鲁味炒鸡	厄瓜多尔	鱼炖豆腐	苏丹
乌鱼蛋汤	韩国	油爆海螺	韩国
家的感觉（a touch of home）	爱尔兰		

"新时代 新鲁菜"
创新大赛

2022 年度 "最佳组织奖"

济宁市委宣传部

潍坊市委宣传部

德州市委宣传部

济南市委宣传部

菏泽市委宣传部

烟台市委宣传部

青岛市委宣传部

临沂市委宣传部

淄博市委宣传部

泰安市委宣传部

"新时代 新鲁菜"
创新大赛
2022 年度 "融媒贡献奖"

曲阜市委宣传部	聊城市茌平区融媒体中心
诸城市委宣传部	潍坊市奎文区融媒体中心
昌乐县融媒体中心	岱岳区融媒体中心
济南市市中区融媒体中心	青岛市市南区融媒体中心
济南市历下区融媒体中心	青岛市崂山区委宣传部
寿光市委宣传部	青岛市李沧区融媒体中心
临邑县融媒体中心	潍坊市峡山生态经济开发区新闻宣传中心
武城县融媒体中心	日照市岚山区融媒体中心
沂水县融媒体中心	禹城市融媒体中心
安丘市融媒体中心	巨野县融媒体中心

"新时代 新鲁菜"
创新大赛
2022 年度 "特殊贡献奖"

山东龙大粮油有限公司

山东凯瑞商业集团有限责任公司

山东惠发食品股份有限公司

潍坊恒信建设集团有限公司

山东云门酒业股份有限公司

潍坊恒信拉昆塔温德姆酒店

山东峡山春酒业有限公司

山东新和盛飨食集团有限公司

山东新鲁菜创新发展有限公司

山东大艾姜山农业科技有限公司

潍坊

冰花大肠炉包 / 01
高密炉包 / 02
当红辣子鸡 / 03
虫草鲍鱼鸡 / 04
千丝裹牛肉 / 05
安丘姜蓉烤河鳗 / 06
新派海参菌菇羹 / 07
四喜丸子 / 08
炒面蒸肉 / 09
水晶鲍鱼石榴鸡 / 10
一品狮子头 / 11
鲜虾扇贝丸 / 12
潍县萝卜虾饼拼素鹅卷 / 13
渤海毛蛤松 / 14
水煮金鸡肉 / 15
蟹粉鸡蓉羹 / 16
手打羊肉丸 / 17
滋补养生土鸡煲 / 18
黄焖甲鱼 / 19
龙湖醉香鹅 / 20
赛螃蟹 / 22
潍坊新派酥锅 / 23
青笋炒鸡肉 / 24
诸城烧烤 / 25
蜜糖黑醋小排 / 26
阿茂黄河大鲤鱼 / 27
藤椒银芽鲍鱼丝 / 28
欢乐海烩狗光鱼 / 29
八宝南瓜 / 30
松露鹅肝鸟窝蛋 / 31
什锦蔬菜团子 / 32
菜乡小豆腐 / 33
巨淀湖鱼头煲 / 34
齐民牛肉干 / 35
一掌定乾坤 / 36
泰山炒鸡 / 37

龙湖翡翠丸 / 38
双味鸳鸯鱼 / 39
养生豆腐丸 / 40
鲜虾萝卜丸配什锦酸辣汤 / 41
大江小炒肉 / 42

济南

富贵瓤金钱冬瓜 / 43
松茸老鸡煲海参 / 44
阿胶蒲香黑猪肉 / 45
海沙子煨虾球 / 46
双冬梨香鸭 / 48
蒜爆羊肉 / 49
黑醋肋排配米麻薯 / 50
鱼羊之恋 / 52
开埠陈皮鸽子渣 / 53
九转酿海参 / 54
千层白菜 / 55
八宝虾仁 / 56
辣椒炒肉 / 58
把子肉四兄弟 / 60
金丝牛肋 / 62
沉鱼落雁 / 64
香茅炒鸡配油条 / 65
潍坊肉火烧 / 66
金瓜海参捞饭 / 68
秘制玉参烧牛肉 / 70
糯米流沙球 / 71
京葱烧海参 / 72
低碳烤香茶猪排 / 73
硕果累累 / 74

青岛

金玉满堂 / 75
檬香鱼跃 / 76
山海结灯彩 / 77
金汁菊花里脊 / 78

什锦提褶包 / 79
蟹黄酿鱼腐 / 80
干炸大虾仁 / 81
孜然鱿鱼 / 82

淄博

杏林春暖 / 83
翰林四味豆腐箱 / 84
蹴鞠狮子头 / 86
周村煮锅 / 87
商埠压板鸡 / 88
葛粉炸肉 / 90
玫瑰山药糕 / 92
山药煨鲍鱼 / 94

烟台

石锅海参焖子 / 95
全家福 / 96
海珍毛头丸子 / 97
如花似玉 / 98
八珍鱼汤小刀面 / 99
虾子海参 / 100
百合梨膏烧牛肋 / 101
宁海州脑饭烩海参 / 102
金秋蟹黄戏水晶虾球 / 103
妙笔生花 / 104
古法蒸黄花鱼 / 105
荔枝虾球 / 106
五福久财吉祥面 / 107
香煎无刺三文鱼 / 108
糖醋脆汁鸡 / 109
肉末宽粉 / 110
金汤肥牛 / 111
海鲜水饺 / 112

肥肠毛血旺 / 113
莓莓四季 / 114
鲍鱼红烧肉 / 115

东营

黄河口手撕鲈鱼 / 116
黄甲传胪 / 117
特色熏猪手 / 118
村长家的红烧肉 / 120

枣庄

榴取丹心 / 122
果王脆皮鸡 / 123
鱼头佛跳墙 / 124

济宁

算盘子 / 126
牡丹孔府富贵鱼片 / 127
油爆结鳃腰 / 128
流苏花开 / 129
瓤百花虾排 / 130
椒麻雏鸡 / 132
油炸凤眼鸽蛋 / 134
落水泉 / 135

泰安

泰山天花药膳煲 / 136
泰山祈福 / 137
黄精赤鳞鱼 / 138
一品桃胶灵芝鸡 / 139
书写新矿 / 140
九品贡煎饼 / 141
清炖奶汤鱼头 / 142
新矿老味鲤鱼 / 143
泰山福禄如意卷 / 144

威海

蟹粉珍珠扇贝圆 / 145

芦菔烧野生大墨鱼 / 146
海带菜粑粑 / 147
海捕大虾炖丝瓜 / 148
海胆灌汤包 / 149
富贵花开 / 150
胶东大虾海带面 / 151

日照

飞黄腾达 / 152
良友四喜丸子 / 153

临沂

蟹黄灌汤狮子头 / 154
金鸡送福 / 156
葛根马蹄糕 / 157
养生黄金糁 / 158
兰陵美酒浸带皮羊肉 / 159
蒙山养生白玉参 / 160
沂蒙花开八大碗 / 161
金胜青花椒烤鱼 / 162
锅塌鱼 / 163
牛蒡扣滑丸 / 164
牛蒡双吃 / 165
风味过桥羊排 / 166

德州

绊马石 / 168
砂锅鲽鱼头 / 169
石锅鲽鱼头 / 170
养生八珍甜沫 / 171
木糖醇养颜桃凝 / 172

聊城

茌平花糕：招财进宝 / 173
茌平花糕：财源广进 / 174
茌平吉祥如意枣花卷 / 175
功夫鱼 / 176
古法酱猪蹄 / 177

黑金虾仁 / 178
于家馓子 / 179

滨州

乡村炒乳鸽 / 180
水煎鲫鱼 / 181
金汤核桃肉 / 182
养生菜 / 183

菏泽

妙笔生花 / 184
飞燕全鱼戏牡丹 / 185
一品青莲 / 186
南华登仙 / 187
清香花蕊白牡丹 / 188
牡丹金汤虾球 / 189
红烧肉鲍罗汉 / 190
平平安安 / 191
满城尽带黄金甲 / 192
新派酸汤敲虾鱼片 / 193
鸿运当头 / 194
黑大蒜焖肘子 / 195

国内其他地区

火焰战斧牛排 / 196
古法鲍鱼芦花鸡 / 197
一帆满载白玉环 / 198

海外地区

拔丝山药 / 199
四喜丸子 / 200
芙蓉鸡片 / 201
锅塌黄鱼 / 202
肉末海参 / 203
菠萝虾球 / 204
红酒牛肋烩活鲍 / 205
莴笋鲍鱼片 / 206

冰花大肠炉包

主料 熟猪大肠块 400 克，特一粉 580 克

辅料 寿光尖椒块 40 克

调料 酱油 15 克，甜面酱 10 克，料酒 8 克，味精 2 克，鸡汤 20 克，白糖 5 克，鸡精 4 克，老抽 2 克，葱姜油适量，蒜片 20 克，八角 1 个，水淀粉少许，酵母 10 克，泡打粉 5 克，色拉油 170 克

王翠英

山东省新富佳悦大酒店有限公司中式面点主管

创新点

利用潍县（潍坊旧称）传统名菜"辣烧大肠"做馅儿。在挂浆上，潜心注入现代元素，使成品皮面暄软，味道鲜美。此面点挂浆讲究，火候独到，"嘎渣"焦脆，油香四溢，赏心悦目。

制作过程

1. 做馅料。锅上火，加葱姜油，入八角、蒜片爆锅，然后依次烹入料酒、酱油、甜面酱，加大肠块煸炒，入鸡汤、白糖、鸡精、味精烧制，加老抽调色，收汁后加入尖椒块，用水淀粉勾芡。馅料就做好了。

2. 和面，包制。用 500 克特一粉、酵母、泡打粉、250 克水和成面团，下剂子，擀成面皮，包上馅，即成炉包生坯，上笼醒发好，蒸 10 分钟左右。

3. 制作面糊。将 80 克面粉、400 克水、色拉油调成面糊。

4. 烙制。将蒸好后的炉包生坯入炉包专用平底锅，加面糊烙 1 分钟后盛出摆盘即可。

制作关键

1. 制作大肠馅料的材料比例要掌握好。炒制时间必须要掌握好。

2. 调面糊必须要按上面提供的比例来，否则制作不出晶莹剔透的冰花。

3. 炉温必须要控制好。

赞词

炉包嵌入美冰花，
四溢留香乐万家。
名吃两地相汇聚，
巧手提花献春华。

（桂园）

皮面暄软肉馅多，
冰花剔透似屏风。
"嘎渣"焦脆香四溢，
美食美味美人生。

（王翠英）

高密炉包

侯文运

高密炉包（红高粱秸炉包）、高密抒饼（麦秸草抒饼）非遗传承人，高密市文体大酒店行政总厨

赞词

色彩金黄似葵花，
家喻户晓人皆夸。
非遗五代有承继，
高密炉包烹制佳。
韭菜后肘巧调理，
菜香肉烂味可嘉。
雕盘绮食会众客，
爽脆鲜明逢闻达。
（桂园）
韭菜炉包精肉丁，
游子勾魂乡愁情。
"嘎渣"显黄酥又脆，
皮薄馅足菜翠生。
（侯文运）

主料　优质面粉 600 克，后肘肉 200 克，韭菜 500 克
调料　酱油 10 克，葱油 6 克，盐 3 克，味精 2 克，酵母适量，植物油适量

特点

　　皮面暄软，包褶朝下，肉馅饱满，挂浆讲究，火候独到，菜嫩肉熟，"嘎渣"（炉包下面煎得金黄的部分）焦脆，味道鲜美。

制作过程

1. 和面。容器中倒入适量酵母，加入适量水。把酵母搅拌均匀，化开以后倒入面粉，和成面团。根据季节的不同醒发 2～3 小时。将面团分成剂子，擀成面皮。

2. 制馅，包制。将后肘肉表面的筋、皮清理干净，切成 0.6 厘米左右见方的肉丁，加入酱油、味精、盐、葱油。加入调料后，充分抓匀。再把韭菜切成小段，与肉丁充分混合，搅拌均匀，然后用面皮包成炉包生坯。

3. 煎制。用适量水和面粉（分量外）调制成面糊。锅烧热，放油加热，放入炉包生坯。锅中加入面糊至没过炉包生坯三分之二处，大火煎六七分钟，转小火煎两三分钟即可出炉。

制作关键

1. 必须锅热后放炉包生坯。
2. 煎制前，锅中要加少许油。
3. 掌握好炉火温度。
4. 调制好面糊，面糊厚薄要均匀。
5. 掌握好出锅时间。

当红辣子鸡

主料　新和盛辣子鸡丁生坯 235 克

调料　香脆椒（含花生、芝麻等材料）65 克，植物油适量，香菜 8 克，蒜 5 克

装饰材料　绿叶菜少许，花瓣少许

于少华

山东新和盛飨食集团有限公司研发主厨

特点

　　鸡肉油亮，筋道弹牙，鲜嫩多汁，麻而不木，辣而不燥，辣中有香，香而不腻。

制作过程

1. 将新和盛辣子鸡丁生坯放入 170℃ 油中，炸约 3 分钟，至表面金黄，捞出待用。

2. 香菜清洗干净，切段。蒜切片。

3. 将植物油倒入净锅中烧热，加入蒜片爆香，依次加入新和盛辣子鸡丁、香脆椒，翻炒均匀，最后加入香菜段，拌匀出锅，用装饰材料装饰即可。

制作关键

　　油温和时间控制是关键。

赞词

炒鸡高境界，
天然溢醇香。
大厨展技艺，
鲜嫩多汁汤。
油亮脱骨烂，
滋味层次张。
出口欧美亚，
鲁菜亦留洋。
（桂园）

鸡丁生坯做鲜烹，
酥脆香辣食客倾。
寻常一道家常菜，
齐鲁菜品博盛名。
（于少华）

虫草鲍鱼鸡

于少华

山东新和盛飨食集团有限
公司研发主厨

主料　鲍鱼 120 克，半只鸡（约 350 克）

辅料　大枣 10 克，虫草花（提前泡好）5 克，枸杞 3 克，油菜少许

调料　鲜鸡汤（提前用老母鸡和肉鸡熬制而成）995 克，淀粉 16 克，盐 1.5 克，鸡精 5 克

特点

　　用中国台湾的吊汤技术，小火慢炖而成的原汁鲜鸡汤，加上鲍鱼，配以佐料，做出的菜品汁浓醇香，入口滑顺，丰腴细嫩，补而不燥。

制作过程

1. 将半只鸡蒸熟。

2. 将鸡汤加热后加入淀粉、盐、鸡精，加热至沸腾。

3. 再将提前泡好的虫草花以及枸杞、大枣、油菜加入锅中煮两分钟即可。

制作关键

　　熬制调料中的鸡汤是关键，时间不能过长也不能过短。

赞词

古法吊汤餐客迷，
美味虫草鲍鱼鸡。
寓意吉祥和如意，
滋阴补肾又健脾。
海味鲍鱼为之冠，
山鸡特选亦是稀。
味美汁浓入口顺，
规则预制适得宜。

（桂园）

历冬又经夏，
日月照光华。
餐桌之黄金，
海珍之冠它。
吉祥又如意，
喜事常伴发。
滋补汤品佳，
人人把它夸。

（冯殿卿）

千丝裹牛肉

主料 雅拉牛排 500 克，酥皮丝 350 克，脆皮糊 150 克

辅料 胡萝卜 100 克，圆葱 100 克

调料 盐 2 克，鸡精 3 克，胡椒粉 2 克，黑椒汁 10 克，色拉油 2000 克，甜辣酱（选用）80 克，香菜 80 克

赞词

千丝万缕可成吟，
一点相思寄浓情。
柔丝玉裹香牛肉，
外酥里嫩精气神。

（桂园）

特点

外面细细的金丝缠绕，口感酥脆；里面牛排鲜嫩，口味独特。

制作过程

1. 雅拉牛排切成长条。
2. 把圆葱、胡萝卜、香菜等时蔬切成粒。
3. 把切好的时蔬粒、盐、鸡精、黑椒汁等加入牛排条中，搅拌均匀，腌制 30 分钟。
4. 取牛排条依次裹上脆皮糊和酥皮丝。
5. 起锅烧油，在包裹好的牛排条上淋热油，至定型。
6. 将定型的牛排条再炸制 2 分钟至成熟、呈金黄色时装盘即可。跟甜辣酱一起食用别有一番风味。

制作关键

1. 要使用牛脊背上方质地较嫩的雅拉牛排。
2. 牛排腌制时间以 30 分钟为宜。
3. 酥皮丝要细如毛发、均匀，不能切断。
4. 牛排条炸制时间不可过长，炸至断生即可。牛排条要保持鲜嫩多汁。

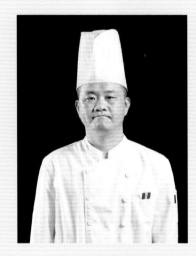

吕伟元

山东省潍坊市昌邑金陵御景湾酒店中餐厨师长

安丘姜蓉烤河鳗

刘胜永

安丘新东方大酒店行政总厨
兼出品总监

赞词

美鳗一条请子尝，
芽姜配上芝麻香。
脆亮多汁有滋味，
驱寒保健免疫强。

（桂园）

鳗鱼肥美知第一，
外酥里嫩肉多汁。
油盐姜椒层层抹，
口水直流三千尺。
先吃姜丝后食肉，
吃后方知味道美。

（刘胜永）

主料　河鳗 1 条（约 1000 克）

辅料　白芝麻 5 克，黑芝麻 5 克

调料　自制辣酱 50 克，油泼辣椒酱 50 克，53°白酒 15 克，古越龙山花雕酒 5 克，盐 2 克，白糖 5 克，安丘红芽姜 50 克，蒜蓉 25 克，葱片 5 克

装饰材料　绿叶菜适量

创新点

　　此菜既保持了鳗鱼的诱人口感，又体现了现代人追求健康的饮食理念。成品口味鲜嫩多汁，表皮焦香美味。

制作过程

1. 将河鳗头部去掉，从背部改刀，去除内脏和杂质，清洗干净，去骨留肉，平铺于砧板上，切成段，改十字花刀。

2. 取安丘红芽姜切丝，再切成姜蓉。

3. 在姜蓉中加入自制辣酱、油泼辣椒酱、白酒、花雕酒、葱片、白糖。

4. 将河鳗上面放上调好的姜蓉混合物和蒜蓉、黑芝麻、白芝麻，烤至成熟。

5. 用装饰材料装饰即可。

制作关键

1. 做姜蓉烤河鳗烤制的火候是关键。

2. 必须要烤到外酥里嫩、姜香味浓郁突出。

新派海参菌菇羹

于少华

山东新和盛缮食集团有限
公司研发主厨

主料　辽参 400 克

辅料　厨师自选点缀菜（选用）

调料　新和盛奶油蘑菇汤适量，新和盛清汤适量，山泉水适量

创新点

新派海参菌菇羹汤汁浓稠，口感顺滑，香甜中蕴含着浓浓的蘑菇香。海参富有弹性，入口即化。它兼具西式浓汤的甜咸奶香和传统鲁菜的平和之性，堪称中西美食融合的典范。

制作过程

1. 新和盛奶油蘑菇汤水浴或蒸制 8 ~ 10 分钟后取出备用。

2. 将辽参用山泉水泡发，以新和盛清汤煨制，取出。

3. 将奶油蘑菇汤倒入碗中，在汤中放入煨制后的海参和厨师自选的点缀菜即可。

制作关键

1. 奶油蘑菇汤加热时间要够。

2. 海参泡发不能见油，要用山泉水。

赞词

世界名汤有其名，
高端预制引东赢。
细腻咸鲜奶浓郁，
海里八珍性滋阴。
形香色意皆具有，
美味浓汤最沁心。
山珍采自高山上，
熬制精心色泽明。

（桂园）

四喜丸子

张清雨

高密市德邻居酒店厨师长

赞词

四喜丸子不寻常，
历史百年出胶东。
高汤烹制纳百味，
寿喜福禄受用中。
葱姜荸荠剁成末，
五花精挑巧刀功。
浓香软糯有风味，
主宴家常皆走红。

（桂园）

主料　猪五花肉（三肥七瘦）300 克

辅料　荸荠末 80 克，鸡蛋清 2 个

调料　水淀粉 50 克，盐 10 克，料酒 10 克，味精 5 克，秘制高汤 1000 克，大葱白 10 克，花椒 5 克，香叶 5 克，桂皮 5 克，八角 5 克，姜片 10 克，植物油 50 克，葱末、姜末共 8 克

装饰材料　枸杞少许，薄荷叶少许

创新点

1. 不用油炸，用高汤煮制，味美更健康。
2. 加入了荸荠，使成品口感更清脆。
3. 将传统的肉泥改为丁，不使用任何添加剂，最大程度保留了肉的原汁原味，使成品口感更好。

制作关键

1. 不用油炸，用高汤煮制。
2. 一定要用手将五花肉切成肉丁。

制作过程

　　将猪五花肉切小丁，放入辅料和盐、姜末、葱末，制作成大小相等的丸子生坯。用秘制高汤和剩余的调料煮 2.5 小时，装入容器后用枸杞和薄荷叶装饰即可。

炒面蒸肉

主料　上等五花肉 1000 克，面粉适量

调料　盐 4 克，酱油 40 克，鲜花椒叶适量，八角适量，葱适量，姜适量

装饰材料　绿叶菜适量，花朵适量

搭配材料（选用）　烙饼适量，大葱适量

特点

　　一是香，香气扑鼻，入口有香；二是糯，入口即化。五花肉有较多油脂，通过蒸制，油脂溢出，炒面吸纳了这些油脂让五花肉肥而不腻。

制作过程

1. 将五花肉切成 0.5 厘米厚的肉片。
2. 把葱切成大块，把姜切成大片，把切好的葱块、姜片放入肉片中，放入鲜花椒叶、八角、盐、酱油。
3. 搅拌均匀，把肉片腌制 1 小时。
4. 腌制肉的期间炒面粉。把面粉炒到焦黄，散发出炒面的香味为止，然后过一遍筛。

5. 肉的腌制时间到了，面粉也炒好了。将二者充分混合，搅拌均匀，上锅蒸熟即可。出锅后用装饰材料装饰。可以用烙饼卷上肉片和大葱食用。

制作关键

　　选取上等五花三层猪肉、面粉等优质食材制作。

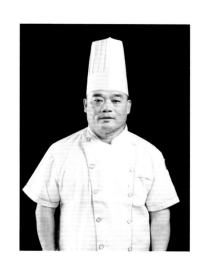

赵祉杰

高密市福贵源大酒店行政总厨

赞词

青葱烙饼卷蒸肉，
鲁菜风格有古风。
入口即化软香糯，
肥而不腻遇鸿蒙。
（桂园）
五花肥瘦三七中，
炒面相拌入蒸笼，
缕缕飘香香四溢，
肥而不腻味无穷。
（赵祉杰）

水晶鲍鱼石榴鸡

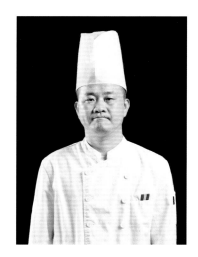

吕伟元

山东潍坊市昌邑金陵御景湾酒店中餐厨师长

赞词

馅裹醇鲜味更香，
水晶春卷卷春芳。
多福多子多重意，
最是吉祥韵致长。

（郭小鹏）

主料　渤海鲍鱼肉 500 克，文山跑山鸡鸡胸肉 250 克

辅料　水发香菇 50 克，鸡汤皮冻 70 克，玉米粒 50 克，青豆粒 50 克，水晶春卷皮 500 克，蛋清 25 克

调料　盐 3 克，鸡汁 10 克，胡椒粉 2 克，生粉 15 克，山东甜面酱 8 克，色拉油 1000 克，鸡精适量，香菜 10 克，红色鱼子酱适量

装饰材料　绿叶菜适量

创新点

　　菜品晶莹透亮，造型新颖独特。加入了鸡汤皮冻，使用京酱鲁菜的手法，做出的成品营养丰富，造型美观。鲍鱼弹牙，咬开后鲜美多汁。成品像石榴一样，是鲁菜造型创新菜。

制作过程

1. 将鲍鱼肉、鸡胸肉、水发香菇清洗干净，切丁。
2. 鸡汤皮冻切丁。
3. 鸡胸肉丁调入少许盐和鸡精、蛋清拌匀，用生粉上浆，滑油。另起油锅，将鸡丁用山东甜面酱炒出酱香味。
4. 把鲍鱼丁、香菇丁、玉米粒、青豆粒依次焯水，投凉，控水。
5. 将鸡肉丁、鲍鱼丁、香菇丁、玉米粒、青豆粒加入胡椒粉、剩余的盐、鸡汁拌匀，制成馅料。
6. 锅内加入水，烧开，把香菜焯透投凉，再用手撕成线状。
7. 用凉水泡好水晶春卷皮，将馅料包入春卷皮，用烫好的香菜线包扎成石榴状。
8. 上蒸车蒸 2 分钟，然后将石榴包顶部撒上红色鱼子酱，装入盘中，用绿叶菜装饰即可。

制作关键

1. 采用灌汤和京酱手法制作。
2. 水晶春卷皮使用前需用凉水泡 10 秒左右。
3. 需选用现杀散养黑腿鸡的鸡胸肉，上浆，滑油再用甜面酱爆炒而成。
4. 蒸制时间不宜过长，蒸透即可。

一品狮子头

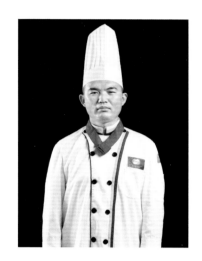

王桂龙

山东惠发食品股份有限公司
研发部主厨

主料 鳕鱼肉 150 克，鸡胸肉 40 克，五花肉 80 克，虾仁 100 克，瑶柱 20 克，马蹄 30 克，鸡蛋羹 30 克

辅料 海参 1 只，四头鲍鱼 1 个，竹荪 2 克，虫草花 1 克，枸杞 1 克，鸡蛋清 20 克，白菜叶少许，油菜少许，虾仁少许

调料 姜末 5 克，葱末 5 克，盐 2 克，白糖 3 克，胡椒粉 1 克，花椒酒 2 克，生粉 10 克，清汤 2000 克

特点

选用鱼肉、鸡肉、虾仁、猪肉等原料制作而成。爽口的瑶柱、虾仁和鱼，使成品口感更加鲜嫩爽滑。喝一口汤，更是鲜味十足。

制作过程

1. 将所有主料切丁，放入盆中加入除清汤、生粉外的调料，顺时针搅打至上劲，加入鸡蛋清继续搅拌，再加入生粉。

2. 起锅烧清汤，待清汤温度到 90℃，将第一步的材料攒成丸子生坯，轻轻放入清汤中，盖上白菜叶，小火慢炖 90 分钟，捞出装入器皿中。

3. 将辅料中的海参、鲍鱼、竹荪、虫草花、枸杞、虾仁、油菜汆水，点缀到器皿中即可。

制作关键

1. 严选原料，科学搭配。

2. 必须小火慢煨，这样做可以使成品锁鲜。

赞词

盘中美馔总怡人，
调鼎应怀济世心。
一品清汤融五味，
烹鲜之道是归真。

（郭小鹏）

一品佳肴宴天下，
四海宾朋齐共享。
白头偕老传佳话，
团圆美满乐万家。
繁华浮生一世间，
玉珍美味借谁言。
鱼香菌美餐中品，
细腻可口记心田。

（王桂龙）

鲜虾扇贝丸

张英超

寿光市京都大掌柜酒店主厨

主料　扇贝柱适量，青虾仁适量

辅料　蛋清适量，小青菜心适量

调料　胡椒粉适量，盐适量，鸡精适量

创新点

　　在扇贝泥中加入虾胶让成品口感发生变化，使成品有弹牙、鲜香、滑嫩的特点。

制作过程

1. 将扇贝柱打成泥状，青虾仁打成虾胶。

2. 将扇贝泥和虾胶充分搅拌，加入蛋清搅打至上劲，加入盐、鸡精、胡椒粉调味，做成小丸子生坯。

3. 将小丸子生坯煮熟，再放入青菜心稍煮即可。

制作关键

　　扇贝丸子生坯要温水下锅，煮至定型。保持丸子的完整是关键。

潍县萝卜虾饼拼素鹅卷

主料 潍县青萝卜500克，油皮150克，活明虾400克，肥猪肉50克

调料 盐2克，味精2克，白胡椒粉0.5克，淀粉10克，花生油20克，葱适量，姜适量

创新点

有句俗话叫"烟台的苹果，莱阳的梨，不如潍县（潍坊旧称）萝卜皮"。"萝卜皮"指的是潍县青萝卜。厨师用潍县青萝卜和活明虾来制作萝卜鲜虾饼，搭配油皮素卷，做出的成品荤素搭配，呈现两种口味，两种口味各有千秋。

制作过程

1. 将潍县青萝卜切丝，焯水，冲凉，控净水，加少许盐、少许味精调味。将部分青萝卜丝放入油皮中卷成方形的卷，即成素鹅卷生坯。

2. 活明虾去壳和沙线，加入肥猪肉、葱、姜，剁成混合虾泥备用。

3. 将剩余的青萝卜丝和混合虾泥加入剩余的盐、剩余的味精以及白胡椒粉、淀粉调味，搅拌至上劲，制成虾饼生坯。

4. 起锅放入花生油，放虾饼生坯、素鹅卷生坯煎至成熟。

5. 将煎好的虾饼和素鹅卷摆盘即可。

制作关键

1. 选用活明虾，加入肥肉制作成泥，这样制作出来的虾饼更加香滑鲜嫩、带有弹性。

2. 青萝卜要焯水，去除辛辣味，展现本身的清香。

3. 煎虾饼和素鹅卷时火候不宜过大，以中火为准，煎制出的菜品更鲜亮。

刘建平

潍坊亚诗贝酒店行政总厨

赞词

潍县萝卜入菜蔬，
豆皮煎作虎皮酥。
轻餐又佐鲜虾饼，
快意何妨酒一壶。
（郭小鹏）
虾饼鲜嫩富弹性，
素鹅清香若锦柔。
荤素搭配双重味，
形同金钱与如意。
（刘建平）

渤海毛蛤松

杜鹏

寿光市温泉大酒店厨师长

主料　毛蛤（带壳）700 克

辅料　黑猪肉 200 克

调料　植物油 100 克，盐 2 克，生抽 20 克，姜末 5 克，梧桐大葱末 200 克，羊角黄辣椒末 200 克

搭配材料（选用）　荷叶饼 15 张

创新点

这道菜使用的食材除了产自渤海湾的毛蛤外，还有寿光黑猪肉、梧桐大葱、羊角黄辣椒等材料，用它们做出的成品营养丰富。相比传统的毛蛤松，这道菜在色、香、味、型、器等方面都得到了很大的提升。

制作过程

1. 先将活毛蛤清洗干净，取肉，改刀成小丁。
2. 将黑猪肉切成小丁。将大葱末、羊角黄辣椒末炸至呈金黄色，剁细。
3. 锅内留底油，放入姜末和黑猪肉丁爆香，烹入生抽，再放入毛蛤丁、肉丁略炒，放入盐，最后放入炸好的大葱末和辣椒末，调匀出锅后装盘，跟荷叶饼上桌即可。

制作关键

1. 食材取料很关键，必须用渤海湾出产的原生态毛蛤、寿光羊角黄辣椒和黑猪肉。
2. 烹饪技法要求严格。毛蛤必须生开取肉，快速炒制，火候要恰到好处。

赞词

赶海寻鲜到寿光，
人间美味是家常。
一张薄饼如荷叶，
留在舌尖几缕香。
（郭小鹏）
恍如宝塔展奇形，
温泉名菜毛蛤松。
食材取自渤海湾，
色香味佳惠众生。
（刘增龙）

水煮金鸡肉

主料　新和盛调理鸡脯肉片 280 克

辅料　豆芽 100 克，金针菇 100 克，白芝麻 1 克

调料　二荆条辣椒段 4 克，汉源花椒 10 克，郫县豆瓣酱 3 克，蒜末 2 克，新和盛秘制养生清汤 450 克，香菜 8 克，植物油适量

于少华

山东新和盛飨食集团有限公司研发主厨

特点

　　川鲁融合的水煮金鸡肉，汤红油亮，麻辣鲜香，肉片筋道有嚼劲。鸡肉经过高汤的煲煮，风味更为醇厚香浓，回味悠长，让人吃一口就能爱上它。

制作关键

　　煮鸡脯肉的火候要掌控好。

制作过程

1. 将鸡脯肉片用秘制养生清汤煮熟。
2. 将郫县豆瓣酱用植物油炒出红油后加入煮鸡肉用的秘制养生清汤，放入豆芽、金针菇煮熟，倒入盛器。
3. 依次将煮熟的鸡脯肉片和辣椒段、花椒、蒜末、香菜放到盛器中，油烧到八成热后浇到菜品上，撒上白芝麻即可。

赞词

人生快意不需藏，
妙手巧烹川蜀香。
麻辣咸鲜真趣味，
还应煮酒共君尝。
（郭小鹏）
新和盛内藏御厨，
身在齐鲁品川蜀。
如意翻腾金钱舞，
金汤飘香客驻足。
（于少华）

蟹粉鸡蓉羹

张学钢

潍坊滨海会议接待中心有限
公司厨师长

主料 渤海母海蟹 350 克，鸡胸肉 500 克

辅料 老鸡 1250 克，老鸭 1500 克，猪肘
子 1000 克，老鸽 300 克，鸡蛋清
100 克，油菜少许

调料 盐 60 克，葱 80 克，姜 80 克，水淀
粉 20 克

赞词

舍却八珍取蟹黄，
鸡蓉鲜美亦醇香。
羹汤调入家乡味，
滤去繁华意更长。

（郭小鹏）

食蟹一口，八珍无味。
适口入喉，醇厚无穷。

（张学钢）

特点

色泽洁白，成团不散，质地细嫩，咸香
鲜美，营养丰富，老少皆宜。

制作过程

1. 将渤海母海蟹蒸熟，取蟹黄、蟹肉。
2. 将老鸡、老鸭、猪肘子、老鸽和部分盐制
   成清汤。
3. 鸡胸肉去筋，用刀背拍松，加葱、姜用厨
   房多用机制成鸡蓉，再放鸡蛋清、少许盐、
   少许水淀粉和匀。
4. 锅洗净，置火上，注入适量清汤烧沸，将
   鸡蓉搅匀倒入锅内，用大火烧沸改小火煨
   10 分钟，使之凝固。
5. 用不粘锅将蟹肉干煸出香味，加入适量清
   汤浇开，放入油菜，放入凝固的鸡蓉，放
   入剩余的盐调味，用剩余的水淀粉勾芡，
   撒上蟹黄即可。

制作关键

鸡肉炒制的火侯和清汤熬制的时间是
关键。

手打羊肉丸

主料　黑山羊肉丁 500 克

辅料　鸡蛋清 1 个

调料　葱 80 克，姜 40 克，醋 20 克，香菜末 15 克，盐适量，白糖适量，料酒适量，香油适量，白胡椒粉适量

韩强

潍坊东方大酒店有限公司
板桥食府厨师长

创新点

　　为了能更好地体现羊肉的口感，厨师采用临朐黑山羊颈后部、前胸和前腱子的上部的肉，经过切丁、上浆制作成羊肉丸。肉中夹筋，口感脆而肉细嫩。

制作过程

1. 葱、姜切成末。容器中放入 110 克纯净水，将葱末、姜末放入水中搅拌均匀，放置 20 分钟，用漏勺过滤掉葱末、姜末，葱姜水留置备用。

2. 将一半葱姜水加入羊肉丁中，顺时针搅拌，直至葱姜水全部被羊肉丁吸收，然后重复上面的步骤，直至将全部葱姜水加入肉丁中。

3. 在肉丁中加入少许盐和白糖、15 克白胡椒粉、料酒以及鸡蛋清顺时针搅拌，直至上劲。

4. 20 毫米左右的丸子，下入锅中，微火 8 分钟制作成熟后，加入香菜末、葱末、胡椒粉、米醋、香油出锅即可。

制作关键

　　羊肉丁要 5 毫米见方。也可以用羊骨吊汤，下入羊肉丸生坯制作成熟。

赞词

精调肉馅做珠丸，
小火熬出汤色鲜。
总在一番摔打后，
人生百味到舌尖。

（郭小鹏）

滋补养生土鸡煲

闫海和

江瑶私房菜馆主厨

主料　寿光本地特产黑慈伦大鸡 1 只（约 2200 克），鸡血 40 克，红枣 30 克，枸杞 10 克，竹荪 20 克，松茸 30 克

调料　盐 30 克，香菜 10 克，香葱 30 克，姜块 50 克，料酒 40 克，植物油适量

创新点

　　此菜使用生长三年以上的黑慈伦大鸡制作。这种鸡生长期长，肉质细腻，炖出汤来，滋味鲜浓，配上红枣、枸杞、竹荪、松茸，口感鲜美，老少皆宜。

制作过程

1. 黑慈伦大鸡切块，余水。

2. 将鸡块用油炒至变色后，加水，加上其他主料和其他调料炖制即成。

制作关键

　　炒制鸡肉的火侯和炖制的时间是关键点。

黄焖甲鱼

李传波

山东新富佳悦大酒店有限
公司中餐炒锅厨师

主料 麦黄甲鱼 1 个（约重 1000 克）

辅料 发好的海参 100 克，鱼肚 100 克，乌鱼蛋 60 克，口蘑 100 克，油母鸡 150 克

调料 酱油 15 克，盐 8 克，料酒 25 克，味精 5 克，鸡汤 500 克，花椒 50 克，葱丝 20 克，
姜丝 20 克，蒜片 20 克，八角 2 个，香油适量

特点

鲜香味美，口味香醇，滋补养生，风味
独特。

制作过程

1. 将甲鱼宰杀，放净血水，入热水中氽出血
水，烫透，捞出，刮去外皮，加入油母鸡、
少许葱丝、少许姜丝、八角和鸡汤蒸制。

2. 口蘑切片，海参斜刀切片，鱼肚切块，乌
鱼蛋撕片。将海参片、口蘑片、鱼肚块、
乌鱼蛋片氽水。熟鸡肉撕条，再切成块。
蒸熟的甲鱼剔去大骨。

3. 另起锅，用香油炸花椒。将炸好的花椒油

加入剩余的葱丝、剩余的姜丝、蒜片爆
锅，烹酱油，加入蒸甲鱼的汤、料酒、甲
鱼，用大火煮开，再用小火炖至汤汁剩余
1/3，捞出调料杂质不用，倒入所有配料，
煮开，用盐、味精调味，盛在容器内即可。

制作关键

1. 此菜必须选用活的甲鱼，现宰现烹。宰杀
时，必须把血放尽。还必须用开水烫过，
以除去甲鱼体内的异味。

2. 炖制时必须使用原汤。

3. 炖制时须用小火长时间加热，待汤汁剩
1/3 时起锅。

龙湖醉香鹅

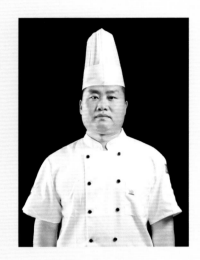

彭文旭

诸城市龙湖绿园生态农业
发展有限公司餐饮部主厨

主料　龙湖大鹅 1 只

调料　青辣椒片适量，红辣椒片适量，香菜段适量，葱适量，姜适
量，蒜适量，八角适量，白芷适量，花椒适量，干辣椒适量，
植物油适量，酱油适量，蚝油适量，黄豆酱适量，料酒适量，
矿泉水适量，盐适量，鸡精适量

特点

　　鹅肉金黄油亮，浓油赤酱，其浓郁的酱
香味充满食客的鼻腔。肉咬上去紧实有弹性，
嚼起来鲜嫩多汁，浓而不腻。

赞词

自是龙湖鱼草多，
白衣红掌镜中磨。
椒鲜酒炙红颜醉，
乐见温公悔放波。
　　　　（刘景涛）
醉香鹅肉美味多，
珍馐入口琢如磨。
佳酿秘制千年梦，
唥唥销魂起万波。
　　　　（彭文旭）

制作过程

1. 大鹅切成块。锅中倒少许油，放入大鹅块煸炒出本身的油脂。

2. 将炒出的鹅油倒入净锅中，放入葱、姜、蒜、八角、花椒、白芷、干辣椒煸出香味，放入大鹅块，调入酱油、蚝油、黄豆酱、料酒煸炒2分钟，加入热矿泉水、盐、鸡精，先大火烧开，再转小火炖40～50分钟，大火收汁，加入青辣椒片、红辣椒片、香菜段，出锅装盘即可。

制作关键

1. 炖制前，鹅块不用焯水，直接下锅炒，把鹅肉的油脂和香味炒出来，鹅肉吃着不腥不腻。

2. 炖制前，要加热水，不要加凉水，先大火烧开，再转小火炖制。鹅肉用大火很难炖烂，要用小火炖制，时间要长一些。最后大火收汁，鹅肉才能醇香，软烂入味。

赛螃蟹

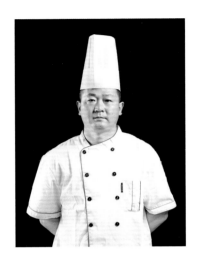

周显真

山东永辉乡间生态旅游发展
有限公司厨师长

赞词

沧海曾游气自横，
一朝落釜满堂轻。
芙蓉脍玉脱凡骨，
踏雪黄鹂不负名。
（刘景涛）

主料	永辉山鸡蛋 6 个，嘎牙鱼肉适量
辅料	牛奶 3 勺
调料	盐适量，姜末适量，醋适量，植物油适量，生粉 2 勺

特点

　　滑嫩爽口，营养丰富，入口绵香，滋味醇厚。不是螃蟹，味似蟹肉，老少皆宜，非常好吃。

制作关键

　　掌握好配料比例和火候。

制作过程

1. 山鸡蛋打入碗中，分离蛋清和蛋黄，分别装入两个碗中。
2. 在蛋黄里加 3 勺水、1 勺生粉，搅拌均匀。在蛋清里加 3 勺牛奶、1 勺生粉，搅拌均匀。
3. 把嘎牙鱼肉搅碎，放入蛋清糊中，搅拌均匀。
4. 起锅烧油，待油温三成热下入蛋清混合物，滑油捞出，控一下油。将蛋黄糊滑油，捞出控油。将两者装盘。
5. 用姜末加少许醋调好姜汁、盐，放入小碗中一起上桌即可。

潍坊新派酥锅

主料 莲藕 800 克，干海带 700 克，鱼 500 克，五花肉片 500 克，豆腐皮 100 克，白菜帮少许

调料 冰糖 2000 克，米醋 750 克，味精适量，花椒适量，植物油适量，葱适量，姜适量，八角适量，鸡汤适量，鸭汤适量，盐适量

赞词

料自平凡技却殊，
一锅年菜一般酥。
千层百搭和光味，
绝胜鸢飞天下都。
（刘景涛）

香咸酸溜带着甜，
骨酥肉烂藕带面。
微火细炖提年味，
游子盘膝享团圆。
（张增学）

创新点

此菜对传统酥锅进行了改良。它有三大创新点，分别是改刀、选料、装盘。

制作过程

1. 将莲藕去皮、切片。干海带泡好洗净，切大片。鱼去鳞、头、内脏，一片为二，炸透后，放入高压锅中，依次放入藕片、海带片、五花肉片，最后放入白菜帮盖好，炖制少许时间。
2. 热锅滑油，放入冰糖，熬到大泡变小泡，小泡呈枣红色，放入开水，熬到水糖融合，即成糖色。
3. 另起锅，锅中加油，加葱、姜、八角、花椒，炸出香味，加入鸡汤、鸭汤、主料，加入盐、味精、米醋、糖色调味。将主料捞出后放入不锈钢盛器里，压至成型，冷却后改刀成方块装盘即可。

制作关键

鱼去鳞、去头、炸透。冰糖要熬到呈枣红色。调味要先酸后甜。

张增学

富华大酒店厨师长

青笋炒鸡肉

于少华

山东新和盛飨食集团有限
公司研发主厨

主料　新和盛鸡腿肉条 160 克

辅料　青笋 80 克，黑木耳少许，胡萝卜片少许

调料　新和盛秘制浓汤 30 克，葱 3 克，姜 3 克，盐 2 克，植物油适量

创新点

　　选用的鸡腿肉细嫩鲜美，青笋脆嫩鲜香。两股鲜味的力量相互交融，格外催人食欲。

制作关键

　　掌握好鸡腿肉烹炒的火候。

制作过程

1. 新和盛鸡腿肉条洗净，黑木耳泡好。

2. 青笋切段，用新和盛秘制浓汤煨制 5 分钟。

3. 葱、姜爆锅，倒入鸡腿肉条、青笋段、黑木耳、胡萝卜片大火爆炒，加入盐翻炒均匀即可。

诸城烧烤

何晓峰

山东刘罗锅食品科技股份
有限公司产品部经理

主料　猪耳 400 克，猪肚 600 克，猪口条 500 克，猪肠 500 克

调料　盐 400 克，味精适量，花椒 10 克，小茴香 5 克，八角 12 克，姜 100 克，大葱 150 克，
老汤适量，红糖适量

特点

菜品色泽金黄，质相俱佳。成品绵软香糯，咸淡适中，肥而不腻。

制作关键

用红糖熏制时，需要掌握好火候。

制作过程

1. 将主料清洗干净。
2. 锅中加入老汤，放入盐、味精、花椒、小茴香、八角、姜、大葱，将主料用小火卤熟。
3. 捞出后，沥干水分，用红糖熏制，改刀装盘即可。

赞词

浓浓家乡味，
一味香千年。
耳舌和肠肚，
濯洗用醋盐。
蒸煮两小时，
肉香又软烂。
烘烤糖化雾，
味色均渐变。
本为乡野味，
创新有发展。

（冯殿卿）

蜜糖黑醋小排

李阳

山东惠发食品股份有限公司
研发部行政总厨

主料　猪精肋排 500 克

调料　意大利黑醋 15.4 克，米醋 18.5 克，冰糖 38.5 克，蚝炒鲜酱油 3.1 克，糖桂花 2 克，料酒 7.8 克，美极小炒鲜 6.2 克，烧焖鲜 9.2 克，糖色 1.5 克，植物油适量

装饰材料　绿叶菜少许，花瓣少许

创新点

精选上等带软骨猪肋排，软炸至熟，辅以大师秘制蜜糖黑醋汁，不仅能增强人的食欲，还能丰富味道的层次。醇香拉丝，酸甜爽口，香而不腻。

制作过程

1. 将精肋排用热水浸泡。
2. 用除了植物油之外的调料熬制成黑醋汁。
3. 锅中烧油，待油温达到 170℃，放入小排，炸制 2 分钟，捞出控油。
4. 将炸好的小排放入有底油的热锅中，淋入黑醋汁，翻炒均匀，装盘后用装饰材料装饰即可。

制作关键

1. 油炸肋排时，要注意控制火候及油温。
2. 熬制黑醋汁时，前期可以用大火，后期需要用小火，慢慢熬制。
3. 炒制时，要开小火加热，快速翻炒均匀。

阿茂黄河大鲤鱼

主料　鲤鱼 1250 克

辅料　全蛋糊 20 克，香菇 2 个，面粉 10 克，冬笋 3 片

调料　红烧酱汁 180 克，胡椒粉 5 克，蒜瓣 6 个，葱节（每个 6 厘米长）4 个，姜片（每片 0.3 厘米 ×1.5 厘米 ×6 厘米）2 片，淀粉 10 克，猪大油适量，色拉油适量，高汤 100 毫升，调味汁 130 毫升，蔬菜汁 150 毫升，陈醋 20 毫升，白糖 20 克，香菜 1 棵，八角少许，料酒少许

装饰材料　改刀的熟香菇适量，花样油菜适量，胡萝卜片适量

赞词

无鱼不成宴，
无鲤不成席。
黄河大鲤鱼，
阿茂称第一。
一字改坡刀，
腌制入味足。
挂糊复油炸，
烧制好寓意。

（冯殿卿）

饮水黄河只此味，
金鳞赤尾扑鼻香。
百般工序为点睛，
鱼跃龙门宴八方。

（张爱茂）

创新点

此菜在传统红烧的基础上，做了两点创新。

第一，红烧除了用高汤还加入了蔬菜汁，烧出来的鲤鱼有一股蔬菜清香的味道，口感更加清新，营养也更加丰富。

第二，将传统一字刀法改为坡刀法，让鱼肉和鱼骨充分分离开来，烧制时容易入味，食用起来更加方便。

制作过程

1. 将处理好的鲤鱼两面分别切大坡刀 7 至 8 刀，倒入少许葱节、少许姜片和料酒腌制 20 分钟。

2. 将全蛋糊、淀粉、面粉搅拌均匀，制成混合糊涂抹在鱼身上。放入七成热的油锅中小火炸至呈金黄色、发硬。

3. 另起锅，倒入猪大油、色拉油，放入剩余的葱节、剩余的姜片、八角、蒜瓣，煸出香味，加入高汤、调味汁、蔬菜汁、陈醋、白糖调味。

4. 加入香菇、香菜、冬笋片，放入炸好的鱼，大火烧开，小火煨至汤浓，取鱼出锅，将汁浇在鱼身，用装饰材料装饰即可。

制作关键

改刀后的鱼放到油中炸一下。放入高汤后再放入味汁和炸好的鱼，炖半小时左右。

张爱茂

潍坊上河小镇酒店总经理兼行政总厨，国家高级技师，潍坊市首席技师，中国鲁菜烹饪大师

藤椒银芽鲍鱼丝

谭震

寿光市京都大掌柜酒店总厨

主料　大连鲍 2 只，银芽适量，胡萝卜丝适量

调料　香菜段少许，藤椒油适量，盐适量，鸡粉适量，植物油适量，葱适量，姜适量

特点

　　口味咸鲜，清脆爽口。

制作关键

　　大火快炒，保持食材本味。

制作过程

1. 鲍鱼肉切丝，汆水。
2. 热锅烧油，下入葱、姜爆香。
3. 加入银芽煸炒，放入鲍鱼丝、胡萝卜丝、香菜段。用盐和鸡粉调味。
4. 淋入藤椒油，爆炒后出锅即可。

欢乐海烩狗光鱼

主料　狗光鱼 400 克

辅料　西红柿碎 100 克，泡粉皮 150 克，鸡蛋 2 个，面粉 50 克

调料　青辣椒粒 5 克，香菜末 5 克，葱花 3 克，姜片 3 克，蒜片 3 克，色拉油 2000 克（约耗 100 克），盐 15 克，料酒 10 克，胡椒粉 3 克，米醋 35 克，香油 3 克

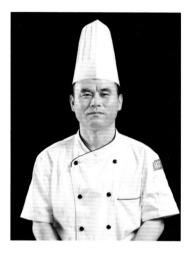

马明刚

滨海旅游集团欢乐海餐饮
公司厨师长

创新点

　　这款创新菜品使用传统鲁菜炸、烩的烹饪技法，借鉴民间传统的家常食用方法制作而成。考虑到当代人对健康饮食和口味的追求，利用西红柿和小米辣椒为菜品提味增香。

制作过程

1. 狗光鱼治净，除去头、尾，切成拇指大的丁，加料酒、胡椒粉、5 克盐腌制 10 分钟。
2. 用面粉和 1 个鸡蛋和成糊，将腌好的狗光鱼丁挂糊，用五六成热的油炸熟，至呈金黄色时捞出。
3. 另起锅，入 50 克油，炒香葱花、姜片、蒜片，下西红柿碎炒香，加入 2000 毫升水，加入炸好的狗光鱼丁，加 10 克盐调味，加入泡粉皮，烩至汤汁浓稠，加米醋，打入鸡蛋，淋香油，撒青辣椒粒、香菜末，出锅即可。

制作关键

1. 狗光鱼需先切丁腌入底味，挂全蛋面粉糊炸熟。
2. 炒西红柿要用小火，炒出西红柿红汁和香味。
3. 煮汤时要用大火烧沸，才能激发出各种食材的香味，汤汁才会浓稠，味道才更鲜美。

赞词

名唤狗光犹未闻，
咸鲜酸辣待酬君。
愿为欢乐海中客，
词句成篇兼作文。
（曹正文）

龙王麾下一悍将，
嘴阔牙利好食量，
一年寿终尺八长，
亦可红烧亦做汤。
（马明刚）

八宝南瓜

冀景亮

昌乐桂河酒店厨师长

主料　有机南瓜 1 个（约 1200 克），有机小米 50 克，有机大米 50 克，有机糯米 20 克，葡萄干 15 克，干百合 5 克，去核蜜枣 10 克，莲子 10 克

调料　白砂糖 50 克，蜂蜜 20 克

装饰材料　熟芦笋适量

赞词

曾闻八宝伴瓜来，
取料乡村多食材。
不失人间烟火味，
香甜可口胃常开。
（曹正文）

千古火山赠，
火山农八鲜。
南瓜蒸百味，
珍馐缱食客。
（冀景亮）

创新点

　　昌乐"火山农八鲜"出品的小米、南瓜等农产品味道独特，用它们做出的八宝南瓜味道更是一绝。

制作过程

　　取南瓜洗净，去瓤。将其他主料蒸熟，加白砂糖、蜂蜜拌匀，酿入南瓜内，上烤箱用 220℃烤 40 分钟，取出装盘。做好造型，用熟芦笋装饰即可。

制作关键

1.　必须选用当年的有机南瓜。
2.　烤箱温度要达到 220℃，烤制 40 分钟，才能激发出原料本身的香味。

松露鹅肝鸟窝蛋

主料 鹅蛋 1 枚（约 350 克）

辅料 基围虾 200 克，熟鹅肝 20 克，黑松露 10 克

调料 盐 3 克，鸡精 2 克，鸡粉 2 克，姜丝 20 克，植物油适量

特殊用具 树枝少许，澄面少许

任有良

潍坊华亚国际酒店有限公司
厨师长

创新点

　　鹅蛋液加入基围虾汤进行蒸制，营养更丰富，再加入黑松露、鹅肝等珍贵原料更符合当代人的养生需求，同时以树枝做点缀，让食客更加增添食欲。

制作过程

1. 基围虾煮熟，剁碎加入油、姜丝炒干，炒香，加纯净水 1000 克，熬制 15 分钟，取虾汤备用。

2. 鹅蛋液加 20 克虾汤、盐、鸡精、鸡粉搅匀，倒入治净的鹅蛋壳内。剩余的虾汤保存好，以后使用。

3. 把蛋壳放在澄面上，上蒸车蒸 6 至 7 分钟至熟。

4. 蒸好的鹅蛋加入熟鹅肝、黑松露，放入鹅蛋壳内，做好造型，放到树枝上，装盘上桌即可。

制作关键

1. 熬基围虾汤一定要用大火，熬制 15 分钟，把基围虾的营养全部熬出来。

2. 蒸鹅蛋时，一定注意时间、火候，不要煮沸。

赞词

鸟窝经日卧高枝，
珍品食材君未疑。
休论师承传统在，
水蒸蛋里秀新奇。
（曹正文）

什锦蔬菜团子

张俊杰

青州市颐寿山庄厨师长

主料 秋耳适量，鲜虾仁适量，香菇适量，菠菜适量，玉米面适量，面粉适量，鸡蛋液适量，胡萝卜适量

调料 盐适量，植物油适量

赞词

菜料无奇品位高，
全凭巧手妙操刀。
犹呈五彩透和气，
什锦何曾掩素袍。

（曹正文）

特点

蔬菜团子所含的胡萝卜、香菇、胡萝卜等蔬菜均富含多种维生素和矿物质。

制作过程

1. 把香菇、菠菜、秋耳焯水后改刀成丁。胡萝卜先切成丝，再切成丁。虾仁切成丁。
2. 鸡蛋液打散，炒熟。
3. 把上面的食材放到一起，搅拌均匀，加入适量的盐调味。
4. 将玉米面和面粉按 1：1 的比例混合均匀。
5. 将第三步搅拌后的材料团成略大于蛋黄的团子裹上混合面粉，上笼蒸制 7 分钟左右即可。

制作关键

1. 采用新鲜原材料。
2. 各种材料搭配比例要均匀。
3. 不要蒸制时间太长。

菜乡小豆腐

张勇

寿光市温泉大酒店厨师长

主料 新鲜的萝卜缨子 200 克，泡好的黄豆 200 克，黄彩椒 150 克，红彩椒 150 克，泡好的黑木耳 150 克

调料 花生油 100 克，盐 3 克，大葱末 15 克

搭配材料（选用） 单饼适量

创新点

此菜在传统菜豆腐的基础上加入寿光特产红、黄两种彩椒，使成品呈现出红色和黄色，加入黑木耳使其呈现黑色，加入萝卜缨子使其呈现纯绿色。装盘呈宝塔型，每层颜色不同，具有了形神兼备的效果。

制作过程

1. 将除黄豆之外所有主料切成细丁。黄豆制成豆腐，切成丁。
2. 将切好的所有的丁加入大葱末和盐，用花生油炒熟。
3. 将炒熟后的材料装入模具，制作成型后倒入盘中，搭配单饼上桌即可。

制作关键

1. 食材取料很关键，彩椒必须用寿光特产红、黄两种彩椒；黑木耳必须用东北产的秋木耳；萝卜缨子要保证绿色纯正，无虫蛀，无杂色；大豆精选颗粒饱满、色泽统一的。
2. 成品装盘必须严谨，要形神兼备，缺少了宝塔造型或者宝塔型状、层次比例有瑕疵，都会影响"五彩"的视觉效果。
3. 制作器具最好用铝锅。

赞词

莫道时材品位低，
豆香已伴菜香齐。
昔年百姓盘中宝，
风味推陈君自迷。
（曹正文）
旧为充饥菜，
今成多人爱。
菜乡多食材，
温泉配方改。
入目呈五色，
塔形显风采。
环保又少脂，
何必求炙脍？
（刘增龙）

巨淀湖鱼头煲

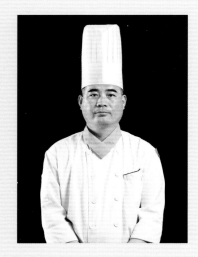

侯林林

潍坊农村干部教育实践中心
厨师长

主料 寿光巨淀湖花鲢鱼头适量

辅料 红枣适量，枸杞适量，内酯豆腐适量，羊棒骨适量，小鲫鱼适量

调料 盐适量，味精适量，胡椒粉适量，植物油适量，葱花适量，香菜段适量

搭配材料（选用） 自选调料适量

赞词

双鲜联袂欲何求，
韵味新高不胜收。
巨淀湖边情未却，
精工巧技煲鱼头。

（曹正文）

湖泥杂草把身藏，
下入油锅佐老汤，
色味臻浓香溢散，
食客急作口中尝。

（侯林林）

创新点

采用"鱼羊鲜"做法，在传统鲁菜的基础上加入枸杞、红枣、内酯豆腐，使此菜内容更加丰富，老少皆宜。

制作过程

1. 羊棒骨浸泡、冲洗后制成羊汤。
2. 小鲫鱼宰杀干净后放入油锅内，煎至两面金黄后加入热水，制成奶白色鲫鱼汤。
3. 花鲢鱼头洗净改刀，用油煎至两面金黄，放入砂锅内。
4. 把做好的羊汤和鲫鱼汤按一定比例加入砂锅内，放入枸杞、红枣，大火烧开转为小火炖制 40 分钟，加入内酯豆腐、盐、味精、胡椒粉调味，再炖 10 分钟，撒入葱花、香菜段即可出锅，可搭配食客自选的调料上桌。

制作关键

此菜在制作过程中必须一次性加足水，不要中途添水，以免影响汤的口感。

齐民牛肉干

张立波

寿光市温泉大酒店厨房主管

主料 牛黄瓜条肉 1000 克

辅料 香菜 20 克，胡萝卜 300 克，圆葱 450 克，青尖椒 500 克

调料 花椒 30 克，干辣椒 20 克，白酒 50 克，调和油 2500 克

装饰材料 黄瓜片适量，柠檬片适量

特殊用具 麦穗饰品适量

创新点

　　"齐民牛肉干"是根据古人的制作工艺，结合当今绿色健康生活理念，改良创制而来。"齐民牛肉干"是传承，也是创新，既弘扬了古方精华，又突出了"外焦里嫩，筋道适宜，色泽温馨"的特点，入口生香，独领风骚。

制作过程

1. 将牛黄瓜条肉切成 8 厘米长、3 厘米宽的牛肉条，泡去血水，加入白酒、干辣椒、花椒腌制 12 小时。

2. 用热油将牛肉条炸至发硬、发红，然后在高压锅底垫上辅料，放入竹垫子，加入炸好的牛肉条，倒入少许油，上汽后再压 12 分钟。

3. 将牛肉条捞出控油，辅料舍弃不用。将牛肉条放在麦穗饰品上摆盘，用装饰品装饰即可。

制作关键

1. 食材取料很关键，牛肉必须用鲁西南出产的黄牛肉且精选"牛黄瓜条"。辅料必须是寿光当地生产的胡萝卜、圆葱、青尖椒。

2. 高压锅压制技法必不可少，成品要具有"肉质纤维均匀，外焦里嫩，筋道适宜，色泽温馨，入口生香"的特点。

赞词

煎炸成酥透嫩香，
青椒圆玉炖高汤。
客来沽醉齐民宴，
别梦频回是寿光。

（周玉祥）

一掌定乾坤

王吉祥

寿光市职业教育中心学校
教师

主料　扒菇适量，大虾适量

辅料　发菜适量，腰果适量

调料　葱适量，姜适量，蚝油适量，料酒适量，胡椒粉适量，盐适量，糖适量，味精适量，橙汁适量，生抽适量，秘制酱汁适量

装饰材料　花 1 朵，糖立体造型适量

特点

新奇有趣，造型独特，酸甜可口。

制作过程

1. 将大虾治净，剁成泥。扒菇切成末。
2. 葱、姜切末。
3. 将虾泥、扒菇末、葱末、姜末放入盆中调匀，放入除了酱汁之外的剩余的调料，调匀。
4. 将模具刷植物油（分量外），放入调好味的材料。
5. 蒸车上汽后将材料放入蒸车蒸制 15 分钟，拿出脱模。
6. 将酱汁淋入盘中，用发菜和腰果制作造型，用装饰品装饰即可。

制作关键

1. 原料要新鲜。
2. 原料的处理和调味都要把握好。

泰山炒鸡

杨玉华

山东省惠发食品股份有限公司研发部主厨

主料　黑爪公鸡 1 只（约 1500 克）

辅料　红椒块适量，青椒块适量

调料　香辛料 50 克，酿造酱油 350 克，植物油 150 克，冰糖 150 克

创新点

1. 选用泰山下桃林间散养的黑爪小公鸡。这种鸡体型健硕，羽毛呈亮黑色，黑爪大冠，肌肉纤维鲜明。用它做出的菜品鲜味浓郁，肉清甜且有韧性。
2. 选用 7 种优质香辛料，激发鸡肉的醇香风味。

制作关键

1. 鸡块要均匀。
2. 氽水要彻底去除腥味和杂质。
3. 香辛料分两次下锅。
4. 鸡肉块下锅后充分煸炒，炒干水分，炒出油脂。

制作过程

1. 整鸡剁成块，清洗，氽水。
2. 锅烧热，加入植物油及部分香辛料，煸炒出香味。
3. 下入鸡块翻炒出香味，加入辅料和剩余调料，炒至汤汁浓郁即可。

赞词

酒旗何处学偷闲，
黑凤客闲开笑颜。
白芷冰糖佐香叶，
个中风味近家山。

（周玉祥）

走南闯北为嘴忙，
山珍海味尽品尝。
对比都市百味宴，
最是泰山炒鸡香。

（杨玉华）

龙湖翡翠丸

彭文旭

诸城市龙湖绿园生态农业
发展有限公司餐饮部主厨

赞词

龙湖翡翠美人妆，
萝卜丝调海米香。
读罢菜根谭一卷，
觉知真味最寻常。
（周玉祥）
通体玲珑气，
来自龙湖地。
形似珍珠俏，
一丸胜人参。
（彭文旭）

主料　龙湖绿园富硒萝卜适量

辅料　面粉适量，海米适量，鸡蛋 1 个

调料　淀粉适量，葱丝适量，姜丝适量，盐适量，味精适量，五香粉适量，植物油适量

装饰材料　馓子适量，绿叶菜适量，花瓣适量

创新点

　　龙湖翡翠丸选用有机富硒萝卜制作而成，咬一口外酥里嫩，香气不绝。造型改良成含苞待放的菊花状。

制作关键

　　萝卜必须用刀切成丝，用盐腌制。初次炸，油温不宜过高。

制作过程

1. 萝卜切成丝，漂洗干净，加盐腌制 5 分钟。

2. 将切好的萝卜丝攥干水，倒入葱丝、姜丝、海米，依次加入少许盐、味精、五香粉。打入鸡蛋，加入适量面粉、淀粉，搅拌均匀。

3. 攥成丸子形状，油温四成热时下入油锅炸至上色，捞出后再高温复炸。最后装盘，用装饰材料装饰即可。

双味鸳鸯鱼

主料　草鱼 1 条（约 1750 克）

辅料　羊肉末 200 克

调料　葱姜水 30 克，盐 10 克，味精 20 克，胡椒粉 5 克，蒸鱼豉油 30 克，白醋 200 克，白糖 100 克，番茄酱 60 克，葱末适量，姜末适量，淀粉适量，鸡精适量，植物油适量

装饰材料　熟西蓝花适量，红椒条适量，葱丝适量

李溪清

山东永辉乡间生态旅游发展
有限公司厨师

创新点

一鱼两吃，不同的做法，不同的美味，满足不同的味蕾。这道一鱼两吃的菜既能品到鱼肉和羊肉的鲜美，又能吃到糖醋鱼的香甜。

制作过程

1. 将鱼治净。
2. 将鱼纵切，一分为二。
3. 将鱼去骨，刀呈 45° 角将一半鱼切成大片，另一半鱼切 1 厘米左右深的十字花刀。两部分鱼切好后放入葱姜水中泡制10 分钟。

4. 羊肉末加入葱末、姜末、水、淀粉、盐、胡椒粉、味精、鸡精，顺时针搅打后用大片鱼肉卷起，连同一半鱼头上锅蒸熟。用蒸鱼豉油、白醋、白糖、番茄酱熬成糖醋汁。
5. 另一半切十字刀的鱼用淀粉裹好，放至五成热的油中炸好，捞出，用熬好的糖醋汁浇制。
6. 将鱼摆盘，用装饰材料装饰即可。

制作关键

1. 食材要新鲜。
2. 刀工精细，标准。

赞词

刀剖金鳞配嫩蔬，
裹匀羊肉味何如。
盘中试看双鸳卧，
一半香分松鼠鱼。

（周玉祥）

养生豆腐丸

东宝

久九鱼家餐饮公司

主料　豆腐 450 克, 大虾仁 12 个 (约 150 克)

辅料　胡萝卜 50 克, 鸡蛋 1 个

调料　盐 10 克, 鸡精 8 克, 味精 10 克, 胡椒粉 5 克, 香油 5 克, 香菜 50 克, 葱适量, 姜适量, 淀粉 200 克, 脆炸粉 200 克, 葱油 80 克

赞词

虾仁豆腐一丸轻,
菜蔌蛋调堪养生。
刀下应怜金圣叹,
缘悭尝此半杯羹。

（周玉祥）

创新点

　　养生豆腐丸是一道创新鲁菜。使用创新手法制作的这道菜相比普通豆腐营养更加丰富, 老少皆宜。

制作过程

1. 豆腐、大虾仁切丁。葱、姜、香菜、胡萝卜切末。

2. 切好的材料都放入盆里, 加入盐、胡椒粉、20 克葱油、香油、鸡精、味精调味。

3. 将上面的材料拌匀, 团成豆腐丸生坯。

4. 将淀粉和脆炸粉加入鸡蛋液中, 和成脆炸糊。

5. 锅里加入 60 克葱油烧热, 把豆腐丸生坯蘸上脆炸糊炸至金黄酥脆。

制作关键

1. 豆腐选用诸城卤水老豆腐。虾仁必须去虾线。

2. 豆腐、虾仁必须控净水。

3. 油温控制在 160℃ 至 180℃ 之间。过高、过低都不可。

鲜虾萝卜丸配什锦酸辣汤

王静先

潍坊鸢之味餐饮管理有限公司总厨

主料 潍坊青萝卜适量，渤海湾大虾适量

辅料 鸭血适量，金针菇适量，得利斯火腿适量，木耳适量，鸡蛋适量，面粉适量，豆腐适量

调料 盐适量，味精适量，鸡粉适量，生粉适量，白糖适量，米醋适量，胡椒粉适量，香油适量，五香粉适量，葱末适量，姜末适量，香菜末适量，植物油适量，生抽适量，高汤适量

创新点

　　潍县萝卜丸子精选潍坊地理标志性特产"潍坊青萝卜"为主要材料制作而成。成品金黄，外表酥脆，口感层次分明，是上席特色菜品之一，再配以什锦酸辣汤，解腻开胃。

制作过程

1. 将青萝卜切末。大虾去皮、去头，取出虾肉剁成泥。

2. 豆腐、鸭血、得利斯火腿、木耳切成丝。

3. 将萝卜末焯水，捞出后挤干水分，加入虾泥、姜末、葱末、面粉、鸡蛋液、盐、味精、五香粉，搅拌均匀，挤成直径2厘米的丸子，入三四成热的油中炸酥，装盘。

4. 鸭血丝、金针菇、火腿丝、木耳丝、豆腐丝一起焯水备用。

5. 将锅烧热加入花生油、葱姜末炒香，烹入酱油，加入高汤、盐、鸡精、糖调味烧开，放入焯水的配料烧开再加入米醋、胡椒粉烧开，勾芡打入鸡蛋液后再放香油和香菜大葱末，开锅倒入汤碗中即可。

制作关键

　　萝卜选用翠绿的中间部分。

赞词

食材炸煮慢调烹，
鲜味留于青翠中。
一碗浓汤尝尽后，
人生酸辣已随风。

（郭小鹏）

大江小炒肉

于少华

山东新和盛飨食集团有限
公司研发主厨

主料 鸡胸肉丝 170 克

辅料 木耳 15 克，胡萝卜 30 克，青椒 30 克

调料 清汤 30 克，有机姜 120 克，大蒜 3 克，
香菜段 15 克，盐 2 克，植物油 15 克

赞词

灶火调和蘋末风，
巧烹绮梦自然成。
采来山野清鲜味，
炒入青白淡雅中。

（郭小鹏）

创新点

大江小炒肉色泽自然，清鲜淡雅，别具
一格，突出了食材原本的鲜美滋味。

制作过程

1. 将有机姜、木耳、胡萝卜、青椒切丝，大
   蒜切片。
2. 将各种菜丝焯水。
3. 将油烧热后加入蒜片爆香，依次加入鸡胸
   肉丝、姜丝、木耳丝、胡萝卜丝、青椒丝、
   清汤、盐、香菜段，爆炒后出锅。

制作关键

烹煮火候的掌控。

主料 冬瓜 1000 克，鲜贝 100 克

辅料 红鱼子酱 50 克，鸡蛋清适量，金瓜蓉 100 克

调料 盐 5 克，浓汤 30 克，淀粉 20 克

富贵瓢金钱冬瓜

赞词

入得贤门气自华，

一刀雕作口中奢。

青衣白玉知三味，

信是清欢无以加。

（刘景涛）

创新点

这道菜品在传统孔府菜瓢金钱冬瓜的基础上进行改良，把原来的鸡蓉换成了鲜贝蓉，增加了菜品的鲜味。原菜品用的是白汁，创新后改用的是由金瓜蓉和浓汤调成的金汁，提升了菜品整体色泽及外观的美感，使菜品口味更加淳厚。

制作过程

1. 冬瓜用模具制成圆柱形，去瓤。将瓜皮雕刻成金钱状，焯水。

2. 将鲜贝打成蓉，加盐，加入蛋清、少许淀粉搅拌均匀。

3. 将冬瓜柱加浓汤蒸 10 分钟至八成熟，取出冬瓜柱，在表面挤上鲜贝蓉再蒸 3 分钟至熟。

4. 在蒸冬瓜的汤内加金瓜蓉调口味，用剩余淀粉勾芡后浇到冬瓜上，放上雕刻好的金钱冬瓜皮，点缀红鱼子酱即可。

制作关键

1. 鲜贝要充分搅打成蓉，不要有颗粒，否则影响质感。

2. 菜品蒸制的时候注意控制时间及火候，保证成品细腻的口感。

杨超

济南索菲特银座大饭店
百花园中餐厨师长

松茸老鸡煲海参

刘卫东

济南银座佳悦酒店中餐
厨师长

主料 海参 1 个，老鸡 30 克

辅料 松茸 10 克，菜心 30 克，玉皇草 1 克，
枸杞 1 克

调料 盐 1 克，味精 2 克，葱 5 克，姜 3 克，
花椒 0.5 克，鸡汤适量

赞词

饕餮千般众里寻，
松茸老鸡煲汤参。
有心常做槐荫客，
一味穿肠泪满襟。

（王汉勤）

创新点

选用本地老鸡和松茸一同蒸制，保留了
原料本身的鲜美，也使汤更清澈。待鸡蒸好
后，再加上玉皇草和煨好的海参。这道菜上桌，
让人垂涎欲滴。

制作过程

1. 老鸡改刀成块洗净，加少许葱、少许姜、
   花椒，加入水蒸 40 分钟待用。
2. 将松茸加剩余的葱、剩余的姜、鸡汤蒸
   15 分钟待用。
3. 海参用鸡汤煨制，菜心、玉皇草焯水，枸
   杞用温水泡发。
4. 将蒸好的鸡肉、鸡汤加入味精、盐调味，
   放入盅内，放入松茸、海参、玉皇草、菜心、
   枸杞即可。

制作关键

此菜制作的关键点是原料的蒸制，要
保留原料本身的鲜美，减少原料营养成分的
流失。

阿胶蒲香黑猪肉

主料　章丘黑猪五花肉 1200 克，东阿阿胶 20 克

调料　八角 3 克，桂皮 5 克，花椒 3 克，香叶 1 克，料酒 30 克，胡椒面 2 克，冰糖 250 克，盐 5 克，生抽 200 克，老抽 10 克，鸡精 5 克，葱段 50 克，姜片 40 克，植物油适量，蒲草适量

装饰材料　黄瓜段适量，黄色樱桃番茄适量，红色樱桃番茄适量，糖造型适量

谢兆新

济南超意兴餐饮有限公司
行政总厨

特点

　　此菜品选取地道的东阿原产地的阿胶及章丘黑猪五花肉块，用蒲草捆扎成型，利用多道工艺精心烹制而成。成菜既有阿胶的回甘，也有肉的香醇和蒲草的香甜。色泽红亮，入口酥烂，唇齿留香。

制作过程

1. 将章丘黑猪肉五花肉洗净，烧热铁锅，把肉皮烙至微黄，立即入凉水中冷却。取出刮去表皮异物，再加入少许香叶、少许料酒、少许葱段、少许姜片，蒸至断生，取出切成大块，用蒲草捆扎成型。

2. 锅内入油，油温五六成热时，下入捆扎好的肉块，炸至微黄后捞出控油。

3. 锅洗净加入少许油，放冰糖，用小火炒成

鸡血红色，倒入开水即成糖色。

4. 把八角、桂皮、花椒、剩余的香叶包成料包。

5. 取砂锅一只，用竹草垫底，把炸好的肉码入砂锅内，放入剩余的葱段、剩余的姜片、香料包以及盐、胡椒面、生抽、老抽、鸡精、糖色，加入水，用大火进行煮制，再用小火焖制，最后大火收汁，捞出摆盘，用装饰材料装饰即可。

制作关键

1. 五花肉需要切成大小均匀、形状整齐如一的大块。

2. 糖色的炒制尤为重要，它既影响口味，又影响成品的颜色。炒制的糖色颜色要红中透亮，无杂质，味微甜。

赞词

料有酸甜难改命，
食分贵贱看谁烹。
眷烟慢火东坡味，
不及胶蒲肉几丁。
（王汉勤）

阿胶调和煨成浆，
鼻闻香蒲着肉香。
浅技传承不忘本，
火候足时纯甘芳。
堂内偶有诗句著，
贵客青睐喜若狂。
（谢兆新）

海沙子煨虾球

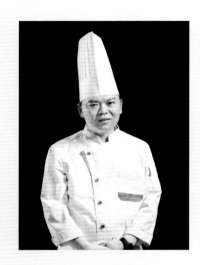

李洪星

济南银座佳悦酒店厨师长

赞词

李公若是生唐宋，
杜甫无诗冷叶淘。
纵有泉风摇月柳，
销魂不及此煨高。

（王汉勤）

主料　活明虾 500 克，原汁海沙子 450 克，五花肉 150 克，老鸡半只

辅料　菠菜 50 克，水发木耳 50 克，胡萝卜 50 克，蛋皮少许

调料　胡椒粉 3 克，盐 3 克，味精 5 克

创新点

此菜选用胶东活明虾、日照原汁海沙子、五花肉、老鸡清汤、蔬菜丝等原料制成虾球，慢火煨制而成。鲜香弹牙，老少皆宜。

制作过程

1. 活明虾去虾头、虾线、虾皮，制成虾蓉。

2. 将五花肉剁成蓉。老鸡炖成清汤。

3. 把木耳、胡萝卜、蛋皮、菠菜切成细丝。

4. 将虾蓉、五花肉蓉、各种配料丝混合在一起，用胡椒粉、盐和味精调味。

5. 制成虾丸放入砂煲，加入清汤、原汁海沙子煨至成熟即可。

制作关键

1. 虾和五花肉的比例要把握好。

2. 煨制时的火候把控好。

3. 使用原汁海沙子。

双冬梨香鸭

李伟

济南市高第街 56 号餐厅
厨师长

赞词

甘甜爽脆上乘梨，
满盏纯香细腻鸭。
两次烹蒸出味道，
丰泽涵养现绝佳。
琴调瑟弄花雕酒，
胃养脾清二贝花。
质美汁浓新鲁菜，
泉城细品赵州茶。

（桂园）

主料　鸭肉 30 克

辅料　莱阳梨 1 只，川贝 3 粒，虫草花 1 克，干贝 2 粒

调料　盐 2 克，味精 1 克，鸡精 1 克，鸡汁 2 克，花雕酒 2 克，姜片 5 克，泉水适量

装饰材料　薄荷叶少许，枸杞少许

创新点

　　这款产品选用正宗莱阳梨做盛器，主料则选取鸭肉。莱阳梨果肉质地细腻，汁水丰富，口感清脆香甜，是梨中上品。鸭肉具有丰富的营养。两者结合后，鸭肉香而不腻，梨肉清爽甘甜，口感丰富，令人回味无穷。

制作过程

1. 将鸭肉改刀为 1 厘米见方的丁。
2. 将莱阳梨去皮、去核，做好造型。
3. 鸭肉丁过水。
4. 在泉水中依次加入盐、味精、鸡精、鸡汁、花雕酒、虫草花、干贝、川贝、姜片，搅拌均匀，制成清汤。
5. 在清汤中放入鸭肉丁，放入蒸车中蒸制 1 小时。
6. 将蒸好的材料倒入做好造型的莱阳梨中，再次放入蒸车蒸制 15 分钟，取出，加少许清汤，用薄荷叶和枸杞装饰即可。

制作关键

　　此菜选材很关键，需要选择山东莱阳产的莱阳梨。这种梨味道清甜，做出的菜品有清香味。

蒜爆羊肉

主料　小山羊肉 400 克

辅料　蛋清 10 克

调料　盐 0.5 克，蒜 150 克，味达美酱油 15 克，白糖 30 克，醋 50 克，植物油适量，淀粉适量，老抽少许，花椒油少许

特点

羊肉新鲜弹牙，滋味香甜可口。

制作过程

1. 取小山羊肉切成薄片放入盆中，放入蛋清搅拌均匀，放入淀粉、植物油再次搅拌均匀。蒜剁成蒜末。
2. 起锅烧油，烧至六成热，下入羊肉片滑熟。
3. 锅中留少量底油倒入蒜末，煸至出香味，烹醋，放入盐、老抽、味达美酱油、白糖，放入滑好的羊肉片，大火煸炒，勾芡，淋花椒油即可出锅。

制作关键

1. 羊肉必须是小山羊肉。
2. 制作过程中控制好油温。
3. 口味突出酸甜适中的特点。

刘生涛

米老八全羊烧烤主厨

赞词

踏遍南山寻一味，
醉翁遥指渡桥前。
他馐纵有千般好，
除却该肴不下船。

（王汉勤）

黑醋肋排配米麻薯

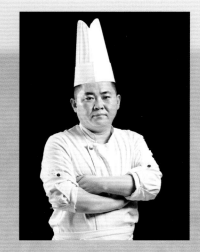

靳玉杰

济南索菲特银座大饭店厨师

主料　猪肋排（每条长 10 厘米左右）10 根，糯米 250 克

辅料　干话梅 4 个，淡奶油 250 克，开心果碎少许，牛奶 300 克

调料　家乐烧汁 50 克，蒸鲜豉油 40 克，意大利黑醋 100 克，冰糖 80 克，啤酒 500 克，
白糖 15 克，盐 2 克，植物油适量，姜片适量，老抽少许，青葱粉少许

装饰材料　蔬菜丝适量，绿叶菜适量

创新点

　　这道菜以经典鲁菜中的糖醋排骨为基础进行创新。新做法做出的菜品更加新颖！这道菜使用大众熟悉的两种味道——糖醋味和米香，使其具有更大的适用面。糯米糯而不腻、米香浓郁，搭配酸甜的黑醋肋排，这种口感的反差提升了菜品的层次。成品口味酸甜浓郁，营养均衡，造型美观大方。不一样的味道，不一样的感觉，让食客有意想不到的体验！

制作过程

制作米浆：

1.　将糯米泡水，过夜。泡好的糯米要用手可以捻碎。捞出，沥干水。

2.　将泡好的糯米放入破壁机中，倒入牛奶，打至细腻。在糯米糊中加入淡奶油，加热至 90℃，低速搅拌熬制 20 分钟左右，尽量熬得浓稠一点儿。最后放白糖和盐。

制作黑醋肋排：

1.　将猪肋排处理干净，冲水，洗净，沥干。

2.　将猪肋排放于平底锅中，加入油，用中火慢煎至两面金黄，加入姜片，煎制好后，加入啤酒，再加入清水至刚刚淹没排骨。

3.　加入家乐烧汁、蒸鲜豉油、冰糖，加盖，用小火焖煮 45 分钟。开盖后再加入老抽、干话梅，一起倒入炒锅中，再煮 10 分钟。

4.　出锅前大火收汁的同时，加入意大利黑醋。

组合、装盘：

　　在盘中以米浆垫底，放上肋排，淋上煮肋排的汁，撒上自制的青葱粉，再加入开心果碎，用装饰材料装饰即可。

制作关键

1.　中火将猪肋排煎至两面金黄上色，加入姜去腥提香。

2.　浸泡好的糯米加牛奶，用破壁机高速打到基本无颗粒状态，加入淡奶油熬至浓稠。

赞词

醋汁冰糖肋相呼，

垂涎忍尽齿流珠。

不闻窗外狂风事，

一笑心酥非雨酥。

（王汉勤）

鱼羊之恋

黄震

济南金鼎酒店管理有限公司
雪野湖假日酒店厨师长

赞词

湖畔羊儿醉听泉，
追欢鱼鸟逐游船。
聘之若问三春恋，
浪朵欣回一品鲜。

（王汉勤）

主料　鳜鱼 1400 克，黑山羊肉 300 克

辅料　鸡蛋 6 个，油菜心适量，枸杞 10 克

调料　大葱 10 克，姜 10 克，盐 5 克，鸡精 5 克，胡椒粉 3 克，花雕酒 6 克，蒸鱼豉油 10 克，花椒水 20 克

创新点

　　此菜选用雪野湖有机鳜鱼，与马鞍山散养黑山羊搭配，在传统菜的基础上进行改良。该菜造型美观，肉质鲜美，味道浓郁。

制作过程

1. 将鳜鱼处理洗净，将两面鱼肉片下，去掉鱼骨，留头和尾备用。

2. 黑山羊肉剁成末，加花雕酒、花椒水、盐、鸡精、胡椒粉搅拌至上劲。

3. 鱼肉片成厚薄均匀的夹刀片，卷入羊肉末。油菜心焯熟。

4. 鸡蛋液搅拌均匀，倒入盘内蒸 3 分钟后取出。鱼头、鱼尾、大葱、姜和卷好的鱼卷蒸 10 分钟，取出，放在蒸的鸡蛋上，淋入蒸鱼豉油，摆上油菜心、枸杞点缀即可。

制作关键

1. 将鳜鱼的鱼头、鱼尾斩下，修好造型，它们要能在盘中站稳。

2. 鱼肉片成 1 厘米厚的夹刀片。太薄，鱼片容易断裂；太厚，卷不起来。

3. 羊肉选用腰窝肉，肉末要顺时针搅拌至上劲，口感才能脆弹。

4. 最后的蒸制要控制时间在 10 分钟左右，时间过长肉质会发硬，影响口感。

开埠陈皮鸽子渣

主料 肉鸽 200 克

辅料 蒜薹丁 150 克，红椒末 50 克

调料 料酒 10 克，味精 3 克，鸡粉 3 克，五香面 2 克，干辣椒段 5 克，味达美酱油 5 克，老抽 5 克，甜面酱 10 克，葱末、姜末、蒜末共 15 克，陈皮 10 克，植物油适量，葱少许，姜少许

搭配材料（选用） 豆腐皮适量

创新点

开埠菜作为济南餐饮文化的集大成者，在发展过程中出现了百姓喜爱的诸多菜品，今天为大家带来的这道菜就是济南开埠名菜鸽子杂的升级版。厨师在传统制作方法的基础上，融入了地道的新会陈皮。陈皮不仅具有许多功效，更为菜品增添了一些别样的清新滋味。

制作过程

1. 提前将陈皮泡水。将鸽子去掉鸽子头，去掉翅尖儿，清理鸽子屁股，放到盆中，加入葱、姜，倒入泡陈皮的水。抓匀后腌制两小时。

2. 取出腌制好的鸽子，把鸽子分割，用刀切碎。

3. 锅中加油，烧热，加入切好的鸽子碎，开始煸炒。刚下入鸽子碎的时候用大火，待鸽子碎炒至没有血色，调到中火。这个过程要不停翻炒，炒好后把鸽子碎盛出来。

4. 下入葱末、姜末、蒜末、干辣椒段，煸炒出香味，加入蒜薹丁。当蒜薹丁断生时，加入鸽子碎、甜面酱、老抽、味达美酱油、味精、鸡粉、五香面，把所有的材料都翻炒均匀。烹入料酒，撒入红椒末，最后加入陈皮，出锅装盘。可搭配豆腐皮食用。

制作关键

1. 掌握好鸽子碎煸炒的时间及火候。
2. 热锅凉油下锅，小火快速煸炒，防止粘锅。

刘德刚

城南往事品牌厨师长

赞词

鸽子本无陈杂念，
娇身一舍美成诗。
城南往事新开埠，
非此相呼不朵颐。

（王汉勤）

九转酿海参

李树东

山东鸿腾国际大酒店行政
主厨

赞词

如珠红果卧青荫，
杯底江山九转心。
情到无言天地远，
平生一念自浮沉。
（王汉勤）

主料	高压海参（泡发好）500 克，黑猪肉末 30 克，油菜 80 克，圣女果 100 克
调料	八角 5 克，冰糖 50 克，葱 10 克，姜 10 克，红醋 80 克，盐 5 克，胡椒粉 10 克，辣椒油 5 克，砂仁豆蔻粉 1 克，桂花酱 5 克，水淀粉少许，植物油适量，白糖少许，酱油适量

创新点

这道菜是由鲁菜九转大肠创新而来的。食材选用威海的高压海参，高压海参很好地保留了鲜活海参的原汁原味，营养高又便于人体吸收。这道菜在九转大肠丰富的口感的基础上，融合海参的软弹筋道和黑猪肉的滑嫩又不失韧劲的口感，好吃的同时又为健康加分。

这道菜营养价值非常高，集合甜、酸、苦、辣、咸等味道，口感软弹筋道，鲜嫩多汁，清脆爽口，香味馥郁。

制作过程

1. 先将泡发好的海参放入水中汆水，捞出后吸干水分。用水淀粉为黑猪肉末上浆，将黑猪肉末塞入海参中，再放入笼屉中蒸 8 分钟。

2. 将油菜和圣女果简单改刀。锅中加水，放入少许盐和少许植物油。将油菜焯水，捞出，用少许盐调味，再将圣女果焯水，去皮。将油菜和圣女果摆盘。

3. 锅中加入油，放八角、冰糖炒制。将冰糖炒至起泡后加入热水，放入葱、姜、红醋、剩余的盐、白糖、桂花酱、胡椒粉，搅拌均匀后将蒸好的海参放入锅中，再放入酱油和砂仁豆蔻粉，小火收汁，最后加入辣椒油，盛出摆盘即可。

制作关键

海参肚内加入肉末，再烧、煨，做出的成品色泽红亮。

千层白菜

主料 白菜叶 1000 克，马蹄 15 个，虾仁 500 克，鸡蛋清 1 个

调料 姜 10 克，料酒 15 克，酱油 1 克，水淀粉 15 克，盐 4 克，清汤 450 克

创新点

此菜选用济南历城唐王大白菜、大明湖的荸荠和胶东的鲜虾为原料制作而成。它的特点是脆嫩鲜香，味道鲜美。在老鲁菜的基础上又加入了马蹄，增加了菜肴的脆感，营养更加丰富。

制作过程

1. 白菜叶洗干净，用热水煮熟后过凉。
2. 马蹄切成末。虾仁剁成虾蓉后加少许盐和酱油调味，加入马蹄末搅拌均匀至上劲。
3. 把白菜叶平铺在托盘上，抹一层虾蓉混合物，再铺一层白菜叶，抹一层虾蓉混合物，一共抹 6 层虾蓉混合物，最后用白菜叶封顶。
4. 上笼蒸 12 分钟后取出，改好刀装入盛器内。锅内加清汤、料酒、剩余的盐、姜、水淀粉，开锅后浇在白菜上即可。

制作关键

一层白菜上抹一层虾蓉混合物，层次分明，造型均匀细致。

殷金龙

济南萃华楼总厨

赞词

白菜人尊百菜王，
精工细做出奇香。
千层翡翠虾泥配，
享誉山东登雅堂。

（封学美）

八宝虾仁

殷金龙

———————

济南萃华楼总厨

———————

主料　虾仁 160 克

辅料　蛋糕 40 克，金华火腿 25 克，香菇 1 个，海米 20 克，冬笋 50 克，马蹄 50 克，芸豆 50 克，鸡蛋清 3 个

调料　盐 3 克，玉米淀粉 35 克，料酒 10 克，花椒 10 个，香油 10 克，葱片少许，姜片少许，植物油适量

装饰材料　绿叶少许，花椒少许，盐少许

赞词

相约风情雪丽糊，
温油浸熟味不孤。
鲜香脆软春秋色，
添酒盘茶又一壶。

（张传建）

创新点

　　此菜选用胶东的鲜虾和大明湖的马蹄等原料制作而成。它的特点是配料多样，一菜多味，鲜香软嫩，在传统用料的基础上又添加了香菇与火腿提香。

制作过程

1. 虾仁、蛋糕、火腿、香菇、冬笋、马蹄、海米、芸豆切成小丁。

2. 将火腿丁、香菇丁、冬笋丁、马蹄丁、海米丁、芸豆丁汆水，捞出，用葱片、姜片、料酒、花椒、盐、香油腌制入味。

3. 蛋清和玉米淀粉打成雪丽糊。

4. 将各种材料的丁放入雪丽糊中混合均匀。

5. 起油锅，油温三成热时，用小勺将混合糊依次下锅，用铁筷子翻动，炸均匀。

6. 炸熟后捞出，升高油温，复炸后出锅，用装饰材料装饰即可。

制作关键

　　制作此菜油不要太热，油太热则成品易变色，口感易老。

辣椒炒肉

张硕

济南超意兴餐饮有限公司
厨师

主料　精选五花肉片 400 克

调料　八角 1 克，黄豆酱 30 克，郫县豆瓣酱 15 克，蚝油 20 克，料酒 5 克，盐适量，味极鲜酱油 20 克，老抽 5 克，鸡精 3 克，白糖 10 克，章丘细葱段 100 克，杭椒段 80 克，小米辣段 10 克，植物油适量，水淀粉适量，蒜适量，姜片适量

搭配材料（选用）　单饼适量，叶菜适量

创新点

　　此菜是倍受大家喜爱的一道家常菜。肉片的创新酱汁提升了肉的口感，肉质地软嫩且有香气。辣椒的香多过辣，没有生辣味，不呛口。成品不燥、微辣，老少皆宜。

制作过程

1. 将五花肉片煸炒出油脂，然后加水和少许郫县豆瓣酱、少许黄豆酱烧一会儿。

2. 将杭椒段和小米辣段干炒一下。蒜拍碎。

3. 锅内放油，煸八角、姜片、蒜碎至出香味，放入剩余的郫县豆瓣酱炒出红油，然后加剩余的黄豆酱炒出酱香味，依次加入蚝油、料酒、味极鲜酱油、老抽、鸡精、白糖、盐，加入肉片、章丘细葱段、杭椒段和小米辣段，炒匀，炒透，淋薄芡即可出锅。搭配单饼和叶菜上桌即可。

制作关键

1. 炒锅要润好，煸炒五花肉的时候不粘锅，受热均匀，这样炒出来的肉干净红润出品好。

2. 肉片用酱烧一下再炒，鲜嫩多汁，口感丰富。干炒辣椒的时候控制好火候，以免辣椒炒煳影响口味。

赞词

配米配饼家常菜，
辣椒炒肉超意兴。
上等五花章丘葱，
杭椒小米辣切丁。
五花肉片煸出油，
多种调料来细烹。
口齿留香众人爱，
不腻不柴味真行。

（冯殿卿）

把子肉四兄弟

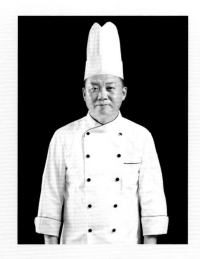

顾绍营

老牌坊鲁菜名店厨师长

主料　五花肉 200 克，泰安老豆腐 200 克，煮鸡蛋 100 克，纸片笋适量

调料　盐 5 克，味精 3 克，鸡粉 3 克，黄豆酱油 5 克，老抽 8 克，料酒 5 克，良姜 3 克，小茴香 3 克，干辣椒段 5 克，葱 10 克，姜 10 克，八角 3 克，桂皮 3 克，植物油适量，长尖椒适量，高汤适量

搭配材料（选用）　米饭适量

创新点

　　这道菜是从济南名吃把子肉配米饭改良而来的，里面蕴含着济南人的兄弟情怀。现将这道菜出品形式进行升级，成品热气升腾，香气四溢，让食客不仅能品尝到鲁菜的美味，更能品味到济南人的情怀。

制作过程

1. 将五花肉改刀为长 12 厘米、宽 5 厘米、厚 1 厘米的长方片。将泰安老豆腐切成长 9 厘米、宽 5 厘米、厚 1.5 厘米的长方片。将长尖椒切成长 12 到 15 厘米的辣椒段，将煮鸡蛋一切为二。

2. 把改刀的五花肉片汆水，打出浮沫，把汆好的五花肉片捞出。锅中放油，烧至三四成热，把改刀的长尖椒段放入油里，过一下油，油温到六七成热时，将豆腐片放入锅内过油。

3. 另起锅，锅内放油，放入桂皮、八角、良姜、小茴香、干辣椒段，煸香，放入葱、姜煸香，放入老抽、黄豆酱油、料酒，加入高汤。放入五花肉片、豆腐片炖 50 分钟左右。豆腐片和五花肉片上色后放入长尖椒段、煮鸡蛋、盐、味精、鸡粉，煮至入味。

4. 汤汁一收好,将材料捞出。将纸片笋焯水,捞出。净锅内放高汤,将纸片笋放入,煨至入味,将纸片笋捞出。将煨好的纸片笋放入容器底。首先摆上长尖椒段,再摆入豆腐片、肉片,最后摆入鸡蛋,浇上汤,和米饭一起上桌即可。

制作关键

此菜需选择肥瘦相间的三层五花肉,做出的成品香而不腻,恰到好处。

赞词

桃园结义把子肉,
济南名吃百代传。
老法新厨唯创改,
传承美味有清欢。
情怀古意新歌唱,
四溢纯香不解缘。
豆腐青椒相妙配,
升腾热气在齐烟。

（桂园）

金丝牛肋

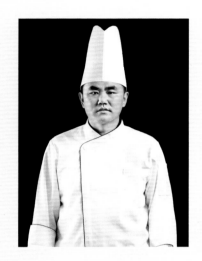

赵延成

济南阳光壹佰雅高美爵酒店
中餐厨师

主料　带肉牛肋排 1000 克

辅料　洋葱块 100 克，西芹段 100 克，胡萝卜块 100 克

调料　盐 10 克，老抽 20 毫升，生抽 30 毫升，番茄酱 10 克，海鲜酱 10 克，排骨酱 10 克，柱候酱 10 克，蚝油 10 克，陈年花雕 20 毫升，香叶 3 ~ 4 片，八角 5 ~ 6 个，小茴香 10 克，白芷 10 克，丁香 10 克，桂皮 10 克，花椒 10 克，生姜 50 克，大葱 50 克，蒜末 20 克，白兰地 50 毫升，香菜根 50 克，植物油适量

装饰材料　糖汁圣女果造型适量，糖汁金丝造型适量，饼干适量，绿叶菜适量

创新点

　　一道具有西式特色的中式菜品，摒弃传统用老卤汤入味的方法，采用多种辅料烹饪牛排，做出的成品更契合当代人健康养生的理念。

制作过程

1. 带肉牛肋排炸至表面金黄。

2. 将洋葱块、香菜根、西芹段、胡萝卜块、生姜、大葱、蒜末炒香后放入番茄酱、海鲜酱、排骨酱、柱候酱、蚝油、香叶、八角、小茴香、白芷、丁香、桂皮、花椒，烹入陈年花雕、老抽、生抽、盐、白兰地等，加水，用大火煮沸。

3. 放入牛肋排，用小火炖 1.5 小时后捞出晾凉。

4. 将牛排切成块用装饰材料装饰即可。

制作关键

摒弃传统卤味方式，使用洋葱、香菜根、西芹和胡萝卜等食材为底料对牛肋排进行增味处理。

沉鱼落雁

禚洪奎

华滨环联大酒店行政总厨

赞词

山东各地有佳人，
四美秀选聚历城。
沉鱼落雁含羞顾，
名优特产大厨烹。
金丝大海白山药，
蜡蜜柠檬木糖醇。
补血清咽颜色美，
逼真似塑艺如登。

（桂园）

主料　菏泽铁棍山药 500 克，胖大海（泡发）10 个，红心火龙果块 200 克，杞果块 200 克，鱼胶片 10 片，凝胶小球 1 个

调料　木糖醇 50 克，柠檬汁 5 克，牛奶布丁 100 克，冰糖适量

装饰材料　凝胶造型花 1 个

创新点

这道菜是以中国古代沉鱼落雁的故事为背景，以山东的特产铁棍山药、胖大海、火龙果制作而成的。它口味香甜，形象逼真，营养丰富，是一款不可多得的佳品。

制作过程

1. 山药去皮切段，放入锅中蒸制半小时，将蒸熟的山药和火龙果块、杞果块分别放入破壁机中，分别加入部分木糖醇、柠檬汁、鱼胶片，搅拌成汁。

2. 将搅拌好的杞果汁和火龙果汁分别挤入模具中，做成生动逼真的小鱼形状，冷藏成型后脱模。

3. 容器中加入山药汁、冰糖、剩余的木糖醇、纯净水、布丁，放入蒸锅蒸制三个小时，取出，放入盛器备用。将泡发好的胖大海制成素燕窝状，铺入盛器，将定型的小鱼和凝胶小球、凝胶花朵摆放其中即可。

制作关键

胖大海必须要泡透。牛奶布丁和水的比例为 10 比 1。小鱼脱模要完整。

香茅炒鸡配油条

王文帅

皇城根北京风味主题餐厅
厨师长

创新点

这道菜加入了东南亚元素——香茅草。香茅草具有一些柠檬的香气，又被称为柠檬草。炒鸡选用山东本地小公鸡，搭配黑蒜等，结合山东炒鸡做法并加以改良制作而成。

主料　小公鸡 1000 克

辅料　半米长大油条（约 260 克）

调料　生姜 10 克，大葱 8 克，螺丝椒 50 克，黑蒜 5 克，小美人椒 10 克，酱油 20 克，花雕酒 5 克，香茅草 3 克，桂皮 1 克，干辣椒 2 克，白芷 1 克，花椒 1 克，八角 3 克，味精 3 克，鸡粉 3 克，植物油适量，秘制料汁适量

制作过程

1. 先将鸡肉斩成 1.5 厘米见方的块，放入盆中，加入花雕酒、香茅草进行腌制。

2. 将螺丝椒和小美人椒改刀成段。

3. 将锅烧热，放入油，滑锅后倒出。锅中加入凉油，下入大葱、生姜、八角、白芷、桂皮，煸出香味，加入干辣椒、花椒，倒入腌制好的鸡块，炒至表皮金黄，加入秘制料汁、酱油，加入清水，小火炖制 20 分钟。

4. 鸡肉炖制完成后，加入鸡粉、螺丝椒段、美人椒段、黑蒜、味精，大火收汁，收汁完成后装盘，搭配油条上桌即可。

制作关键

要用油条搭配汤汁食用，油条吸收了鸡肉的汤汁后有爆浆的效果。

潍坊肉火烧

赵猛猛

———————————

济南银座佳悦酒店中餐厨房
领班

———————————

主料　猪臀尖肉 500 克，面粉 500 克

调料　味精 10 克，生抽 30 克，老抽 10 克，十三香 5 克，豆瓣酱 20 克，香油 5 克，大葱 400 克，植物油少许，自制葱油适量，葱姜水适量

创新点

　　肉用的是三肥七瘦的猪臀尖肉。葱用山东特有的章丘大葱。面皮加肉馅，用手拍成饼型，用手托着放到抹了一层薄油的电饼铛内，双面煎至起硬皮，再放到烤箱内烘烤，不时地翻看火烧的成色，做出金黄的肉火烧。

制作过程

1. 将热水和凉水分别加入一半面粉中，混合在一起，做成面团。

2. 在面团里加入少许油，和成比较光滑的面团。把和好的面团用保鲜膜或盆盖住，醒发半小时。

3. 在等待面团醒发的过程中，我们可以先调馅。把大葱切成小丁，用自己熬制的葱油拌匀。把猪肉切丁，加入少量葱姜水，搅拌均匀，再加入味精、生抽、老抽、十三香、豆瓣酱、香油，搅拌均匀。把葱丁倒入肉丁中，拌匀。调好的肉馅腌制半小时。

4. 在面板上刷入少量的油，把面团揉成条状，再分成 30 克左右一个的剂子，擀成外薄里厚的皮，包入肉馅，即成肉火烧生坯。

5. 先用电饼铛把肉火烧生坯煎至两面金黄，然后再放入烤箱，用上火 200℃、下火 200℃，烤制 15 分钟即可。

制作关键

此面食的制作关键点有面团的发制、原料的新鲜度以及烤制过程的温度。

赞词

臀肉鲜葱炉对月，
香侵绿岸白浪河。
古今思念飘飘柳，
老少倾心最最么。

（张传建）

金瓜海参捞饭

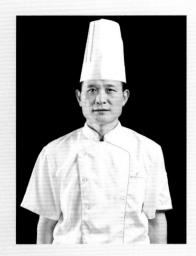

王崇华

山东大厦厨师

主料　胶东干海参 100 克，菊瓜 200 克，珍珠糯米 50 克，五花肉 50 克

调料　盐 5 克，生抽 5 克，蚝油 8 克，五香粉 5 克，胡椒粉 3 克，料酒 6 克，鸡汁 6 克，XO 酱 20 克，香油 6 克，高汤适量，植物油适量

装饰材料　绿叶菜少许

创新点

　　本菜品在传统菜品"海参捞饭"的基础上进行改良。利用菊瓜作为盛器，外型更加美观大方。菊瓜、糯米、肉丁、海参的结合使菜品口感软糯，味道香甜。

制作过程

1. 胶东干海参提前两天涨发好，糯米提前 6 小时泡发好。

2. 五花肉切成 1 厘米见方的丁，冲去血水，用盐、料酒、生抽、蚝油、五香粉、香油、胡椒粉、鸡汁腌制 30 分钟。将 XO 酱炒好。

3. 菊瓜用雕刻刀去掉内瓤，雕成菊花盅形状。

4. 把泡好的糯米，拌入腌好的肉丁中搅拌均匀，放入菊瓜盅中，放入蒸车中蒸制 40 分钟。

5. 把泡发好的胶东海参改刀成 2 厘米见方的丁，入高汤中煨好取出，拌入炒好的 XO 酱，放入蒸好的菊瓜糯米中，用绿叶菜装饰即可。

制作关键

五花肉提前腌制，菊瓜要雕刻精细。

赞词

珍珠肉末惹金瓜，
头顶籍参一朵花。
入口柔绵禅意似，
开心寒衲换袈裟。

（张传建）

秘制玉参烧牛肉

来晓庆

山东大厦炒锅领班

赞词

镂空芦菔戴青符，
身白衣黄似有无。
口味不分南北外，
进餐先请赏此图。

（张传建）

主料　象牙白萝卜 1000 克，鲜牛肉 500 克

调料　石榴汁 50 克，番茄酱 50 克，糖 10 克，蚝油 50 克，葡萄酒 150 克，香料少许，植物油适量，白醋少许，葱适量，姜适量，生抽适量，盐适量，鸡精适量

装饰材料　苹果梗少许

创新点

　　此菜在传统萝卜炖牛腩的基础上，选用潍坊象牙白萝卜和淄博高青黑牛肉，加以改进制作而成。成菜造型更加美观，口味更受欢迎。

制作过程

1. 将白萝卜制成苹果形状，用 ∨ 型花刀在萝卜上打上花纹，将中间掏空。锅内加油，炒石榴汁、番茄酱，烹白醋、少许糖、葡萄酒，放入水及白萝卜造型，烧 10 分钟。

2. 牛肉切块，汆水后倒出。另起锅烧油，下入香料、葱、姜等炒香，加入水，用蚝油、生抽、盐、鸡精、剩余的糖调味，下入牛肉块炖熟。

3. 将炖熟的牛肉块放入炖好的萝卜里面，用苹果梗加以点缀即可。

制作关键

　　萝卜打花刀时要均匀，牛肉要炖至入味。

糯米流沙球

王允垒

山东大厦面点领班

主料　糯米粉 500 克

辅料　澄粉 50 克，蛋黄 6 个，奶粉 30 克，鱼胶片 5 克，吉士粉 5 克，白芝麻 20 克，黄油 20 克

调料　白糖 200 克，植物油适量

创新点

糯米流沙球是在传统麻球的材料中，包入流沙馅制作而成的。包入流沙馅可以使口感更加丰富。成品入口咸甜，香而不腻。

制作过程

1. 糯米粉加水、白糖和成面团。

2. 把除了白芝麻外的辅料放入料理机中打匀，放入冰箱冰冻。冻成型后取出切成小块，即成馅料块。

3. 面团下剂子，擀成面皮，包入馅料块，裹上白芝麻，入油锅炸至呈金黄色，装盘即可。

制作关键

控制好油温。炸制时间不能过长。

赞词

盛入玉盘金色黄，
欣看个个带阳光。
轻轻咬破糯酥壁，
流出甜甜岁月香。

（陈衍亮）

京葱烧海参

庞洪乾

济南箪食巷餐饮管理有限
公司厨师长

赞词

夹来参段看晶莹，
汤汁浓垂一滴明。
入口葱香真欲化，
千金难买此心情。

（陈衍亮）

主料　实心海参 400 克

调料　鸡粉适量，盐适量，酱油适量，料酒适量，老抽适量，蚝油适量，白糖适量，大葱节适量，姜末适量，蒜适量，香菜根适量，植物油适量，八角适量，高汤适量

搭配材料（选用）　米饭适量

创新点

　　本菜选用 6 年以上实心海参制作而成。成菜软糯筋道，具有浓郁的葱香味。

制作过程

1. 锅中加入油，烧至四五成热，将大葱节倒入炸成金黄色捞出。净锅中加油烧热，加入姜末，放入蒜、香菜根，用中火炸至呈金黄色。

2. 将海参焯水。

3. 用焯海参的汤泡制炸好的大葱节。

4. 锅中放入水和焯海参的汤。放入鸡粉、盐、酱油、料酒、老抽、蚝油，再放入白糖，最后将海参放入汤中煨制。锅开后，倒入碗中浸泡 30 分钟。

5. 锅上火，倒入部分炸葱的油，加入八角和炸好的葱节、蒜、香菜根。加入料酒、高汤、老抽、蚝油、鸡粉、白糖、海参小火烧制。烧制过程中要分三次淋入自己炸制的葱油。最后小火转至旺火收汁即可。可搭配米饭食用。

制作关键

1. 烧制过程中必须分三次淋入葱油。

2. 收汁过程中，从小火转至旺火。

主料 山东大埔连生猪肋排 1000 克

辅料 洋葱 20 克

调料 红酒 50 克，白兰地 30 克，秘制辣酱 50 克，老抽 10 克，番茄酱 5 克，灵岩茶 15 克，丁香 3 克，花椒 3 克，黑胡椒 2 克，肉豆蔻 2 克，蜂蜜 10 克，盐 3 克，生姜 10 克，大葱 10 克，黄油 10 克，百里香 5 克，迷迭香 5 克，香茅草 20 克，生抽适量

装饰材料 蒜薹适量

创新点

该产品秉承少糖、少盐的健康饮食理念，将肉中的多余油脂烤去，材料中加入香茅草，更健康。

制作过程

1. 将肋排氽水，氽水时放入少许葱、少许姜、少许白兰地。

2. 制作卤汤。锅中放入剩余的姜、剩余的葱、水，多煮一会儿。依次放入肉豆蔻、丁香、花椒。3 分钟后，加入少许灵岩茶，继续熬煮，将茶香煮出之后，依次放老抽、生抽，再放剩余的白兰地，卤汤就做好了。

3. 将卤汤烧开 3 分钟，加入猪排卤制。

4. 制作烧烤酱汁。容器中放黄油、生抽、盐、番茄酱，放秘制辣酱、黑胡椒，最后放入蜂蜜，搅匀，酱汁就制作完成了。

5. 在肉排上涂抹上刚才调好的酱汁。将香茅草、百里香、迷迭香、洋葱平铺在烤盘上，再将猪排放在上面，放进烤箱用 200℃烤 7 分钟。

6. 将猪排取出，撒上剩余的灵岩茶，再次推入烤箱烤制 1 分钟至茶香溢出后取出，放在蒜薹上即可。

制作关键

此菜以传统鲁菜工艺为核心，将猪排制作入味，再烤制，方能外焦里嫩。

低碳烤香茶猪排

田海洋

泉客厅·普力亚洲料理厨师长

硕果累累

安相明

泉客厅厨师长

主料　面粉 1000 克，柿子馅 200 克，奶黄馅 200 克，栗子馅 200 克

辅料　胡萝卜汁 10 克，南瓜蓉 20 克，菠菜汁 20 克

调料　白糖 10 克，可可粉 8 克，酵母 10 克，泡打粉 10 克

创新点

这款菜品以山东各地特产水果为模型，结合胶东大饽饽的做法制作而成。本菜品以传统面塑手法制作，以蔬菜汁和面，成品栩栩如生。

制作过程

1. 分别将菠菜汁、南瓜蓉、胡萝卜汁等加入部分面粉中，再分别加入部分白糖、酵母、泡打粉，醒发一会儿，均和成面团。

2. 将和好的面团分成面剂子，擀成面片，在面片中加入合适的馅料，用手揉捏整形，完成各种面果主体的造型。

3. 将可可粉和水揉成可可面团，揉捏塑形，做出各种面果的底部，完成后装在相对应的面果上。

4. 将所有面果蒸熟后装盘即可。

制作关键

面团醒发时间要足够，20℃室温下，醒发不能低于 20 分钟。

主料　面粉 500 克

辅料　南瓜泥 170 克

调料　酵母 10 克，白糖 100 克，花生油 300 克

创新点

　　银丝卷是中国鲁菜的传统面食，以工艺讲究、制作精细、口味香甜、面皮包着面丝的特点而闻名。以南瓜泥代替水和制面团，提升了面点的营养价值，也提高了制作工艺的层次。成品外观金灿灿、白亮亮，内里丝丝缕缕，极具观赏价值。

制作过程

1. 将 250 克面粉、5 克酵母、南瓜泥混合在一起，揉成南瓜面团，加 50 克白糖揉至白糖全部化开。
2. 将 250 克面粉、5 克酵母、170 克水混合在一起，揉成白面团，加 50 克白糖揉至白糖全部化开。
3. 用抻面的手法将南瓜面团抻拉出丝，刷上部分花生油，切成 8 厘米的段，两头切下来做面皮坯。

4. 面皮坯揉匀下剂，擀成 12 厘米长的椭圆形面皮，将丝段放置正中，包成枕头形，金丝卷生坯即完成。
5. 用同样的抻拉、刷油、包制方法制作银丝卷生坯。
6. 醒发 30 分钟。将两种生坯上屉，旺火蒸制 12 分钟即可。

制作关键

1. 和面时，糖一定要全部揉化开，不能有颗粒。
2. 溜条是拉面的关键，也是这道面点制作的关键。溜条要均匀。
3. 出丝手法要用力均匀，根据面团的韧性合理用力。

麻博

莱西市职业教育中心学校
副校长

金玉满堂

赞词

满堂金玉锡灵符，
表里云丝软胜酥。
更引啼莺窥一角，
酒家且喜巧庖厨。

（王同峰）

檬香鱼跃

王庆泉

青岛酒店管理职业技术学院
教师

赞词

匠烹盘卧看鱼跃，
肉嫩骨酥为客倾。
厨界从来出才俊，
佳肴本有妙思生。

（王同峰）

主料　小黄花鱼 12 条（约 300 克）

辅料　面粉 250 克

调料　植物油 1000 克，盐 5 克，味精 3 克，料酒 6 克，胡椒粉适量，葱片 5 克，姜片 5 克

装饰材料　豌豆适量，柠檬少许，花瓣少许，圣女果造型少许

创新点

小海鲜大世界，小黄花也有大梦想。小黄花由平面变立体，化静止为鱼跃，构建视、嗅、味、听、触五感艺术，成就充满色香味形器等多种意境的美食。

制作过程

1. 将小黄鱼去鳞，用筷子插入鱼嘴中旋转，这样可以取出内脏而不破坏鱼肚。去除鳃，洗净，加盐、味精、料酒、胡椒粉、葱片、姜片腌渍 5 分钟。

2. 锅中加油烧至五成热。将鱼拍上面粉塑形——一种塑造鱼跃形态，一种塑造弯曲形态。捏住头、尾入油炸制，捞出，待油温升高，复炸一遍捞出。

3. 将做好的鱼分别装盘，摆出小黄花的动感，用装饰材料装饰即可。

制作关键

1. 选取新鲜、色泽金黄的小黄花鱼。

2. 处理过程中需要整鱼去内脏。

3. 造型很关键，头尾要翘起。

4. 色彩搭配要和谐，摆盘结构要合理。

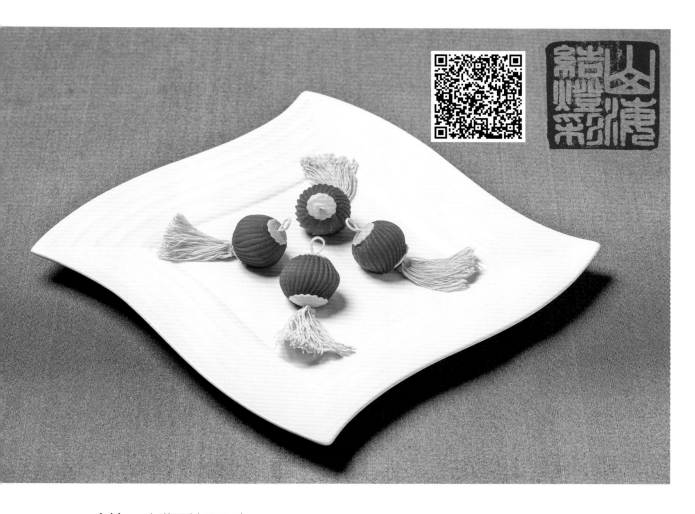

山海结灯彩

马健

青岛酒店管理职业技术学院
教师

王珊珊

青岛酒店管理职业技术学院
教师

主料　东营面粉 210 克

辅料　黄油 45 克,淡奶油 50 克,平度绿豆蓉 250 克,渤海蛎虾 20 克,寿光菠菜(煮熟)10 克,甜菜 200 克,临沂鸡蛋 70 克,红菜头适量

调料　白糖 10 克,胡椒粉 1 克,盐 6 克,植物油适量

创新点

这款作品汇聚了多种齐鲁大地特色食材,在使用传统鲁式面点技巧的同时,运用多种技巧,打破传统面裹馅的形式,采用多种制法,做出的成品层次分明,口感丰富,味道独特。

制作过程

1. 将少许面粉、黄油、少许鸡蛋液、盐拌均匀制成面团,然后将部分面团擀薄至 2 毫米左右的厚度,刻出圆形放置于模具中烘烤成熟,制成酥皮。

2. 将剩余的鸡蛋和淡奶油、胡椒粉调制均匀,过筛后倒入酥皮中。将煮熟的菠菜切碎,与虾肉一同放入酥皮中,再次烘烤成熟。

3. 将剩余的面团捏制成灯笼手柄、顶盖等造型,炸熟备用。

4. 用红菜头将绿豆蓉调色,制成球形,和烤制好的酥皮组合,并用刮板均匀刻出灯笼纹路,炸熟。

5. 用剩余的面粉制出丝,并油炸成熟,吸油,制成灯笼穗。

6. 将灯笼手柄、顶盖以及灯笼主体、穗等按图组合成灯笼形状即可。

制作关键

淡奶油酥皮的厚度要够薄。绿豆蓉调色时注意柔软度。

金汁菊花里脊

徐方琛

平度市技师学院教师

主料 猪里脊肉 250 克

辅料 青萝卜适量，胡萝卜适量

调料 胡椒粉适量，白糖适量，白醋适量，浓缩橙汁适量，淀粉适量，葱适量，姜适量，料酒适量，植物油适量

赞词

茄司汁明曜菊心，

东菜风动化龙吟。

问君嘉馔何烹得，

定使老饕思不禁。

（王同峰）

创新点

本道菜品的主料为猪里脊肉，创作灵感来源于传统鲁菜糖醋里脊，用传统的食品雕刻技艺装饰。呈现在我们面前的是一道兼具食用价值和观赏价值的菜肴。

制作过程

1. 将里脊肉片成薄片，切成连刀丝，底部不要切断。

2. 清洗后加入葱、姜、胡椒粉、料酒腌制。

3. 腌制好的里脊丝控干水，拍淀粉备用。

4. 锅中加油，烧至五六成热下入里脊丝炸熟。

5. 另起锅，将胡椒粉、白糖、白醋、浓缩橙汁加入锅内熬至浓稠。

6. 将两种萝卜雕刻成盘饰摆盘。

7. 里脊丝摆入盘中，淋入汤汁即可。

制作关键

1. 制作本道菜品选材是关键点之一，应选用纹路清晰的猪里脊肉，制作的菜品造型才美观。

2. 制作菜品时刀工很重要，要做成象形菊花，切的肉丝需要每根粗细均匀。

3. 炸制肉丝时需要将油温控制在六七成热。

什锦提褶包

主料　面粉 250 克，五花肉 150 克

辅料　菠菜汁 70 克，苔菜碎 400 克，金钩海米 80 克，胡萝卜碎 80 克，香菇碎 130 克

调料　酵母 3 克，糖 10 克，盐 2 克，猪油 5 克，黄豆酱 8 克，蚝油 10 克，香油 12 克，花生油 50 克，葱碎、姜碎共 20 克，酱油适量

李琳

莱西市职业教育中心学校
教师

创新点

　　该作品在家常包子的做法基础上进行创新。馅料选用五花肉以及山东花叶苔菜、胡萝卜、香菇等多种蔬菜，荤素搭配，美味健康；面皮可以用各种果蔬汁调制，营养丰富，外观多彩。内外五彩纷呈，锦簇艳丽。

制作过程

1. 苔菜碎焯水过凉。五花肉切丁，加葱碎、姜碎、黄豆酱、蚝油、酱油、糖、盐、猪油、花生油、香油腌至入味后拌入苔菜碎、金钩海米、胡萝卜碎、香菇碎。

2. 用菠菜汁和酵母、面粉调制成淡绿色面团。

3. 将面团制成面皮，包入馅，醒发 15 分钟左右。

4. 蒸制 12 分钟即可。

制作关键

1. 可以用其他果蔬汁做面团。

2. 馅料要提前腌制。

赞词

包罗万象聚诗囊，
汤汁浓稠暗自香。
皱褶还须分一笼，
三杯未尽遣君尝。

（田爱华）

蟹黄酿鱼腐

任传生

青岛酒店管理职业技术学院
教师

主料　花鲢鱼肉 400 克，梭蟹肉 40 克

辅料　蛋清 1 个，上海青 100 克，胡萝卜片 50 克，白芝麻适量，黑芝麻适量

调料　蟹黄酱 30 克，盐 5 克，淀粉 50 克，料酒 15 克，胡椒粉 1 克，干葱头 10 克，香葱 2 克，姜片 2 克，蒜片 2 克，植物油适量，葱姜水适量，高汤适量

创新点

选用青岛莱西产芝水库花鲢鱼和会场梭蟹，两种原料的搭配相得益彰。成品营养丰富，口感弹牙，蟹黄的鲜香更为突显。吃一口美味，唇齿留香。它以其独特的鲜咸香味吸引食客。

制作过程

1. 花鲢鱼肉用适量葱姜水漂洗，切成小块，用绞肉机搅拌成肉碎。

2. 加入盐、胡椒粉、少许料酒、蛋清，分三次加入少许葱姜水和梭蟹肉，搅拌至上劲。

3. 锅中加入油，烧至五成热，用小勺依次下入鱼肉混合物炸至金黄，即成鱼腐。

4. 另起锅炒香香葱、干葱头、姜片和蒜片，加入蟹黄酱，烹入剩余的料酒，加高汤烧至鱼腐入味，勾芡。

5. 将上海青和胡萝卜片焯熟做出造型，和鱼腐一起摆盘，撒上芝麻即可。

制作关键

1. 挑选莱西产芝水库花鲢鱼，去鳞，去内脏，洗净之后，留下纯白的鱼肉，搅拌成鱼泥，注意顺时针搅打上劲。

2. 鱼肉酿入蟹黄再下锅炸。

干炸大虾仁

主料　虾仁 350 克

辅料　蛋清 1 个

调料　生粉 250 克（实耗 50 克），盐 1 克，味精 1 克，胡椒粉 1 克，料酒 5 毫升，植物油适量

装饰材料　黄瓜片少许，圣女果 1 个

高臣先

中华美食频道厨师

赞词

锅中出浴玉环白，

盘里轻眠飞燕香。

恐惊醒了美人态，

捧到君前先莫忙。

（陈衍亮）

创新点

这道菜是山东半岛常见的一道海味美食，外酥里嫩，香酥中带着鲜甜，是逢年过节餐桌上必不可少的佳肴，深受食客们的好评。

制作过程

1. 虾仁洗净加入盐、胡椒粉、味精、料酒、蛋清抓拌均匀，腌制 5 分钟。

2. 将虾仁放入生粉中，充分裹均匀。起锅烧油，油七成热时放入虾仁炸 40 秒后捞出。

3. 开大火使油烧至七成热，放入虾仁复炸 30 秒，炸至虾仁表面金黄酥脆，捞出控油，用装饰材料装饰即可。

制作关键

1. 要选用活虾，手剥虾仁，这样的虾仁做出来的成品口感才能鲜甜脆嫩。

2. 要用生粉，它糊化度好附着力强，保证成品酥脆的同时，不会脱浆。

3. 拍粉后要攥一下，增加生粉的附着力。

4. 虾仁入锅前要抖一下，抖落多余生粉，避免煳锅。

5. 油炸时油温必须要达到七成热，否则容易脱浆。

孜然鱿鱼

高臣先

中华美食频道厨师

主料　鱿鱼爪适量，鱿鱼尾 400 克

调料　糖 3 克，蚝油 10 毫升，生抽 15 毫升，料酒 15 毫升，胡椒粉适量，蒜末 5 克，姜末 2 克，孜然粒 2 克，孜然粉 1 克，辣椒粉 5 克，白芝麻 5 克，青辣椒 30 克，红辣椒 20 克，植物油适量

装饰材料　黄瓜片少许，圣女果少许

创新点

　　孜然鱿鱼味道鲜美。制作方法简单方便，用炒的方式体现烤的滋味。

制作过程

1. 将青辣椒、红辣椒切成圈备用。
2. 小碗中加入糖、蚝油、生抽、10 毫升料酒、适量胡椒粉调成碗汁备用。
3. 将鱿鱼爪、鱿鱼尾切成条。
4. 鱿鱼条入开水锅加入 5 毫升料酒，汆水 1 分钟。
5. 锅中放入 10 毫升植物油，放入蒜末、姜末炒香。
6. 锅中放入焯过水的鱿鱼条略炒。
7. 锅中放入碗汁、青辣椒圈、红辣椒圈炒匀。
8. 锅中放入孜然粒、孜然粉、辣椒粉、白芝麻炒匀，炒香即可出锅，用装饰材料装饰即可。

制作关键

1. 鱿鱼条要汆水，保证成熟度一致。
2. 碗汁提前做好可以加快烹饪速度，保证鱿鱼条的鲜嫩程度。

杏林春暖

主料 南杏仁 150 克，河虾仁 300 克

辅料 香椿苗 80 克，鸡蛋清 20 克

调料 盐 3 克，白糖 5 克，排骨酱 10 克，冰花酸梅酱 10 克，番茄酱 8 克，香油 5 克，花生油适量，葱 8 克，姜 5 克，淀粉 20 克，水淀粉适量，葱姜水适量

创新点

此菜借用"杏林"的典故，结合博山本地的食材，和鲁菜的烹饪方法制作而成。菜品颜色靓丽，口感滑嫩、清脆，口味层次分明。

制作过程

1. 南杏仁用温水泡 24 小时至泡透。起锅加水，放入少许盐和葱、姜、南杏仁煮熟备用。

2. 河虾仁加少许盐和鸡蛋清抓匀入底味，加淀粉上浆备用。

3. 香椿苗去除根部，用流水清洗干净，控干，沿盘边摆一圈。

4. 河虾仁入开水中滑熟。另起锅加入油，下入葱姜水、少许盐、滑好的河虾仁翻炒均匀，用水淀粉勾芡，淋香油出锅，装入香椿苗的内侧一圈，中间留有部分空余位置。

5. 起锅烧油，下入排骨酱、冰花酸梅酱、番茄酱、白糖、剩余的盐，炒至冒泡，下入煮好的南杏仁，中火烧至汤汁浓稠完全包裹住杏仁，淋明油出锅装入盘中间即可。

制作关键

1. 河虾仁一定要把沙线去除干净，以免影响口感和卖相。

2. 杏仁一定要选用南杏仁，并充分浸泡，焯水去除它的苦涩味。

3. 烧制杏仁时要烧透，让汤汁自然收浓。

袁聿法

万杰国际大酒店有限公司厨师长

赞词

一围新绿雪山融，
另样酸甜入口中。
说起杏林千载事，
人间谁不敬春风。

（胡桂海）

翰林四味豆腐箱

张雷

翰林餐饮集团行政总厨

赞词

一枚古币玉盘持，
猜罢箱中未可知。
豆腐也传奢与俭，
后人莫笑翰林词。
（胡桂海）

主料　博山浆豆腐 700 克

辅料　冬瓜 700 克，南瓜 700 克，蛋清 50 克，五花肉 50 克，冬笋 50 克，刺参 20 克，虾仁 20 克，海米 10 克，虾皮 10 克，山芹 20 克，西红柿 30 克，青豆 30 克

调料　博山正堂酱油 10 克，醋 15 克，老抽 5 克，盐适量，味精适量，白糖 10 克，砂仁面 3 克，水淀粉 5 克，葱 10 克，姜 10 克，蒜片 20 克，植物油适量，香油适量，高汤适量

特点

翰林四味豆腐箱形似古铜钱。冬瓜清香怡口，南瓜粘糯香甜，豆腐柔软细腻。成品皮韧馅嫩，吃后满口浓香，口味多样，营养均衡。

制作过程

1. 将豆腐、冬瓜、南瓜改刀，用特制模具做好造型。
2. 蛋清入蒸锅蒸 20 分钟，晾凉。虾皮炸至呈金黄色。将五花肉、冬笋、刺参、虾仁、熟蛋清、海米、葱、姜、山芹切末，西红柿切丁。
3. 将少许葱末、少许姜末爆锅，依次下入五花肉末、海米末、冬笋末、虾仁末、刺参末炒香，烹入少许正堂酱油、少许盐、少许味精、少许老抽，最后放入砂仁面。另起油锅，将剩余的葱末、剩余的姜末爆锅，下入虾皮、蛋清末炒香，最后放入山芹末、盐、味精、香油调味。冬瓜、南瓜用高汤煨制。
4. 起锅烧油，油温七成热时将豆腐炸至呈金黄色，晾凉，用特制工具将豆腐掏空，分别装入肉末混合馅和虾皮混合馅两种馅料，将两种口味豆腐箱、冬瓜、南瓜入蒸锅蒸制 5 分钟。
5. 起油锅加蒜片爆香，烹入醋及剩余的酱油、少许高汤、盐、味精、白糖、剩余的老抽调味，放入西红柿丁、青豆，勾芡出锅待用。
6. 将豆腐箱、冬瓜、南瓜取出，放入盛器中摆成古铜钱币形状，淋入汤汁即可。

制作关键

1. 豆腐需提前 3 ~ 4 小时控干浆水，制作成型后更为美观。
2. 炸豆腐的油温控制在 170℃ 左右。
3. 蒸制时间控制在 5 分钟左右，成品更加形象。

蹴鞠狮子头

陈宝宝

鲁菜烹饪大师，高级技师，
高级食品安全管理师，高级
营养师

主料　青岛大虾 50 克，临淄边河黑猪肥肉 30 克

辅料　桓台马踏湖藕 3 克，马踏湖花鲢鱼肉 10 克，日照金乌贼墨囊 1 克，鸡胸肉 20 克，
蛋清 1 个

调料　海鲜清汤 20 克，盐 1 克，池上鲜桔梗 3 克

创新点

选用古齐地的新鲜食材制作的这款狮子头，在药食同源的理念下有着精美的造型，让人印象深刻，吃后唇齿留香。

制作关键

原料要新鲜。虾馅不用太细。鱼肉去刺，做成鱼胶。

制作过程

1. 大虾去皮、虾线。用刀背敲打成馅。猪肥肉切小丁，鸡胸肉去筋做成泥，藕切小丁，鲜桔梗切小丁。
2. 把第一步的材料用盐调味作成蹴鞠状。
3. 鲢鱼肉做成鱼胶，加入墨囊，做成足球状。
4. 将做好的两种球状生坯加清汤蒸熟即可。

赞词

独坐乾坤似忘机，
念中应有大王旗。
漫听食客夸鲜味，
愧我当年草上飞。
（胡桂海）
世界足球起源地，
淄渑水畔厨神传。
狮头如鞠汇齐物，
药食相偕合家欢。
（徐培栋）

周村煮锅

李丙江

淄博周村宾馆有限公司总监

主料 五花肉丝 200 克，鲜鲅鱼丸 500 克，豆腐片 500 克，卤肥肠片 200 克，炸豆腐叶适量

辅料 老鸡 2 只，老鸭 1 只，棒骨 2500 克干贝 30 克，虫草花 5 克，冬笋丝适量，木耳丝适量，海米适量，鸡蛋适量

调料 一品鲜适量，料酒适量，植物油适量，盐适量，鸡精适量，胡椒粉适量，葱丝适量，姜丝适量

装饰材料 绿叶菜少许

创新点

我们在传统使用高汤制作的基础上，改良为使用清汤制作。借鉴粤菜的煲汤方法，加入虫草花、干贝等原料，进一步提升了汤的品质及鲜度，使营养更加全面。

制作过程

1. 将老鸡、老鸭、棒骨治净，放入汤桶内，加清水大火烧开，撇去浮沫转小火，放入虫草花、干贝煲制 3 小时，炖出清汤备用。

2. 将五花肉丝、冬笋丝、木耳丝、葱丝、姜丝、海米加入一品鲜、料酒腌入味，团成直径2.5 厘米的丸子，挂全蛋糊，入五成热油中炸至定型捞出，再挂蛋糊，入六成热油中炸至成熟，即成惠州丸子。

3. 清汤加盐、鸡精、胡椒粉调味，下入惠州丸子、鱼丸、卤肥肠片、炸豆腐叶、豆腐片，炖至入味即可。

制作关键

1. 此菜制汤是关键，汤是此菜灵魂所在。

2. 吊汤选料要新鲜，用料要足，处理要干净。

3. 制作惠州丸子肉丝要肥三瘦七，炸出的丸子才够松软。

商埠压板鸡

荆海

———————————

淄博市知味斋餐饮有限公司
厨师长

———————————

主料　散养小公鸡 1 只（约 900 克），鱼唇 26 克，花胶 50 克，干贝 10 克

辅料　有机带皮黑猪肉 50 克

调料　盐适量，味精适量，酱油 20 克，老抽适量，料酒 10 克，葱 13 克，姜 20 克，色拉油适量，老汤适量

装饰材料　柠檬适量

创新点

　　"商埠压板鸡"是在传统布袋鸡的基础上大胆创新制作的一款菜。此菜由传统的热吃改为凉吃，在馅料当中加入鱼唇、花胶使胶质更加丰满，加入干贝提鲜增香。经过压制后成品造型更加美观。这正是"整鸡无骨是关键，色泽红亮很好看。口感韧弹质感佳，营养丰富人人夸"。

制作过程

1. 整鸡去骨用 10 克盐、2 克味精、10 克葱、10 克姜腌制 20 分钟。将 3 克葱和 10 克姜切成末。鱼唇、花胶泡发。

2. 干贝加水上蒸车蒸制 30 分钟捞出。

3. 将有机带皮黑猪肉改刀成长 5 厘米、宽 3 厘米、厚 0.3 厘米的片。锅内加 30 克色拉油，再放入有机五花肉片煸炒，期间倒出多余的油脂。

4. 加入葱末、姜末煸香，烹入料酒，再放入 2 克盐、酱油、老抽、味精，煸炒均匀倒入盆内备用。

5. 将泡发好的鱼唇、花胶改刀成长 5 厘米、宽 2.5 厘米的条。

6. 将改好刀的鱼唇、花胶放入盛肉的盆内，再放入蒸好的干贝，再调入适量盐、老抽拌匀成馅料。

7. 将拌好的馅料装入鸡体内，封口，然后入开水锅内焯水 5 分钟，捞出再放入老汤内，容器上封保鲜膜上笼蒸制 45 分钟以上。

8. 取干净的不锈钢托盘，铺上纱布，将蒸好的鸡捞出放在纱布上包裹好，放入冰冷的坏境中用 10 千克的重物压制 6 小时，然后改刀装盘，将柠檬做好造型做装饰即可。

制作关键

1. 选用鲜活散养土鸡，鸡身完整无破皮。

2. 整鸡去骨，保证成品无骨。

3. 选用上好的干贝、鱼唇、花胶，确保胶质上佳。猪肉选用新鲜有机黑猪肉。

4. 蒸制的时间必须保证在 45 分钟以上，做到鸡肉软嫩，其他原料能达到软糯地步。

5. 必须在冰冷的环境（0℃ 最佳，不能超过 4℃）中压制，压制时间为 6 小时。

赞词

道是雄鸡骨却无，
豚鱼作伴主江湖。
一匡天下风烟散，
满座都成大丈夫。
（胡桂海）

葛粉炸肉

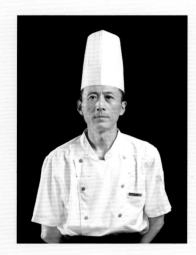

袁聿法

万杰国际大酒店有限公司
厨师长

主料 猪梅花肉 400 克

辅料 葛根粉 50 克

调料 博山正堂酱油 30 克，盐 3 克，花生油 1000 克（实耗 30 克），花椒 10 克，葱 15 克，姜汁 15 克，白糖适量，花生油适量

装饰材料 绿叶菜适量

创新点

此菜是在传统博山炸肉的基础上创新制作而成的，以葛根粉替代地瓜生粉，配以现磨花椒碎，做出的菜品外酥里嫩，回味麻香。

制作过程

1. 猪梅花肉切成 4 厘米长的条，加少许花椒和盐、姜汁、酱油、白糖、葱抓拌，腌制备用。

2. 剩余的花椒炒熟，碾碎。

3. 锅下花生油烧至六成热。把腌制好的肉条加入葛根粉抓匀，逐条下入油中并用漏勺拨散防止粘连，炸至定型，至八分熟捞出。

4. 开大火，锅内油温提升至八成热时，再次下入肉条进行复炸，炸至颜色金黄、外酥里嫩，出锅撒上花椒碎拌匀，装盘，用装饰材料装饰。

制作关键

1. 一定要选用猪梅花肉。

2. 腌制前要充分抓拌，保证入味均匀。

3. 炸制时要控制好油温，第一次控制在六成热左右，使肉条定型捞出，第二次油温要达到八成热左右，才能使出品外酥里嫩。

赞词

葛粉炸肉顶呱呱，
传承创新众人夸。
地瓜生粉葛粉代，
改刀成条猪梅花。
酱油食盐葱姜汁，
腌制入味再复炸。
初炸微黄复金黄，
外酥里嫩又咸香。

（冯殿卿）

玫瑰山药糕

主料　细毛山药 200 克，熟糯米粉 150 克，水洗豆沙馅 350 克，玫瑰酱 50 克

辅料　猪油 10 克，紫薯粉 15 克，菠菜粉 15 克，胡萝卜粉 15 克，南瓜粉 10 克，草莓粉 10 克，红曲粉 15 克

调料　蜂蜜 50 克

胡文姣

淄博机电工程学校教师

特点

玫瑰山药糕口感软糯，色彩丰富，花香浓郁，老少皆宜。原料细毛山药与玫瑰花皆为本地食材。配方低糖、低油，以无添加剂的果蔬粉调色，精工细做，有益健康，宜于久食。

制作过程

1. 豆沙馅加入玫瑰酱拌匀，按需要的量分成小份，搓圆备用。

2. 山药去皮，切片，入锅蒸制，蒸熟后压成泥，过筛。山药泥加入熟糯米粉、蜂蜜、猪油揉至面团细腻光滑。

3. 面团揉搓光滑，按所需重量分割。分别放入不同的果蔬粉调色，揉至颜色均匀。各色面团分割、组合，制成单色或拼色面剂。

4. 取一个面剂，擀压至中间厚四周薄，翻面，包入豆沙馅料，用上拢法收口搓圆。蘸少许手粉（分量外），整形入模，压制成型或手工做成型。摆盘装饰即可。

制作关键

1. 山药泥加熟糯米粉等原料后混合均匀，揉至面团光滑、细腻。

2. 入模压制前，蘸少量干粉，避免粘连，控制压模力度。

山药煨鲍鱼

吕鹏飞

山东泰熙酒店有限公司（东岳国际酒店）厨师长

赞词

桓台宫家山药好，
烟台九孔鲍鱼佳。
黑松露酱菌味足，
自制鲍汁西蓝花。
山药洗净再去皮，
改刀成段烧熟它。
鲍鱼低温来定型，
再煨半时汁浇撒。

（冯殿卿）

主料　烟台活鲍鱼 500 克，新城山药 300 克

辅料　西蓝花 150 克

调料　高汤适量，盐 3 克，黑松露酱 15 克，鲍汁 150 克

创新点

　　山药煨鲍鱼根据传统鲁菜葱烧海参的技法，选用淄博当地特色食材桓台新城山药和烟台活鲍鱼，加入健康的黑松露酱，使其口味更加浓郁，更加营养健康。

制作过程

1. 把活鲍鱼洗刷干净。把新城山药去皮洗净，切段。西蓝花改刀成小块，煮熟。

2. 把洗净的鲍鱼放入高压锅，加盐和高汤压制 10 分钟。

3. 砂锅中加入高汤、鲍鱼、山药段、鲍汁、黑松露酱小火烧约 15 分钟，至汤汁黏稠，放上西蓝花即可。

制作关键

1. 活鲍鱼一定处理干净再用高压锅处理。

2. 黑松露酱最后放。

3. 山药粗细要一致。

石锅海参焖子

主料 干海参适量，焖子适量

辅料 熟油菜适量，紫苏叶少许

调料 盐适量，味精适量，金汤适量，生粉适量，植物油适量

刘理

烟台碧海饭店厨师长

创新点

用海参配焖子提高菜品档次，给客人耳目一新的感觉。

制作过程

1. 海参发好，洗净。焖子切成 1.5 厘米见方的丁。

2. 起锅烧油。焖子拍生粉，入八成热的油中炸至外焦里嫩，放入烧热的石锅中备用。

3. 锅中放入适量金汤，用盐和味精调味，入海参煨透。将海参捞出，放入石锅中，用金汤勾浓芡，浇入石锅中，用熟油菜和紫苏叶点缀即可。

制作关键

1. 焖子拍粉避免破碎。

2. 焖子炸制时一定要炸出硬壳。

3. 石锅要烧热，浇汤时要缓慢，避免溢出。

全家福

盖玉彬

烟台文化旅游职业学院烹饪
与营养系教师

主料　墨鱼肉 100 克，大虾肉 100 克，水发海参 1 个，鲜鲍鱼 1 个，鲅鱼肉 100 克，海鲈鱼肉 100 克，扇贝丁 100 克，豆腐 100 克，猪肉 100 克，鸡肉 100 克，猪肚 100 克，黄蛋糕 50 克，白蛋糕 50 克

辅料　菠菜汁 100 克，甜菜汁 100 克，墨鱼汁 5 克，鸡蛋干 50 克，蛋清适量，面粉适量

调料　盐 50 克，味精 3 克，淀粉 100 克，高汤 300 克，植物油 1500 克（实耗 50 克），葱姜水适量

装饰材料　福字造型

创新点

1. 选料创新。原料选用烟台特产海参、对虾等，体现了"仙境海岸、鲜美烟台"的特点。

2. 色彩创新。加入青菜汁、墨鱼汁等进行调色，使成品色彩丰富，营养全面。

3. 料形创新。统一料形，制成丸子，使用圆盘，突出圆形，体现"和"文化。

制作过程

1. 将墨鱼肉加墨鱼汁，海鲈鱼肉加菠菜汁，鸡肉加入甜菜汁，分别制成泥，分别加入适量盐、适量蛋清、适量植物油搅拌至上劲，制成各色丸子。

2. 大虾肉、鲅鱼肉、扇贝丁分别加葱姜水制成泥，加入少许盐、少许蛋清、植物油搅拌至上劲，制成各色丸子。

3. 猪肉、豆腐分别剁成蓉，加入少许盐、少许味精、蛋清、面粉、大部分淀粉搅拌至上劲，挤成丸子，放入油锅中炸熟。

4. 锅中加入高汤烧开，用剩余的盐和剩余的味精调味，用剩余的淀粉勾芡，倒入所有的丸子烩制。

5. 将黄蛋糕、白蛋糕、鸡蛋干切片码入碗中，再将海参、鲍鱼、猪肚片成大片装入碗内，入蒸柜蒸熟扣入盘内，再将丸子摆在四周，浇上煮丸子的汁，用福字造型装饰即可。

制作关键

1. 选料新鲜，原料制成丸子后要上劲，口感弹牙。

2. 制作的丸子必须大小一致。

3. 必须使用高汤烹调，口味咸鲜。

海珍毛头丸子

主料　牙片鱼肉 400 克，鲜贝 100 克，海螺肉 50 克，手剥虾仁 80 克

辅料　猪肥肉 30 克，海胆黄 50 克，红薯粉条 50 克，鸡蛋清 150 克，菜胆心 100 克，大白菜叶适量

调料　盐 5 克，味精 4 克，葱姜水 300 克，清汤适量

特点

汤鲜味浓，口感嫩滑，营养丰富。

制作过程

1. 将牙片鱼肉、海螺肉、手剥虾仁切成粒。猪肥肉、鲜贝剁成蓉。将红薯粉条先泡水，待回软切成寸段。菜胆心焯熟。

2. 将切成粒的原料在盆中摔打直至上劲，加入少许盐、少许味精、蛋清和肥肉蓉、鲜贝蓉，再摔打至黏稠，再加葱姜水，加入粉条段，搅拌均匀制成直径 4 厘米左右的丸子生坯。

3. 砂锅放上清汤，烧至 20～30℃后，把做好的丸子生坯逐个放入汤中后，上面盖一层大白菜叶，小火炖制 1 小时后加入剩余的盐、剩余的味精调味。

4. 装盘时点缀海胆黄和菜胆心即可。

制作关键

1. 原料要新鲜，鱼肉等材料必须用刀切成粒，摔打至上劲，才能使成品鲜美弹牙。

2. 粉条选用纯红薯粉条，这种粉条经过煲制仍不失口感。

3. 煲制时把准温度，下锅时掌握温度在 20～30℃之间，开锅后一直保持小火炖 1 小时。

王道军

烟台融通新时代酒店厨师长

赞词

一挑二选海鲜珍，
三拌四摔风味醇。
五炸七煲焦且嫩，
八乡十里赞声频。

（李乃润）

如花似玉

刘珵

烟台碧海饭店厨师长

主料　鲜贝末适量

辅料　羊肚菌适量，油菜适量，蛋清适量

调料　猪油适量，盐适量，味精适量，清汤适量，鱼子酱适量

特点

洁白如玉，形似玫瑰。

制作过程

1. 鲜贝末洗干净，加入蛋清、猪油、盐、味精搅至呈蓉状，放入模型中做成花的造型，蒸熟。
2. 油菜和羊肚菌煮熟。将蒸好的鲜贝花放入容器中，放入清汤、鱼子酱、油菜、羊肚菌即可。

制作关键

1. 鲜贝末要清洗干净。
2. 鲜贝蓉不能打得太稀。
3. 蒸制时要严格控制时间。

八珍鱼汤小刀面

主料 中黄花鱼适量，大墨鱼适量，海虾适量

辅料 面粉适量，干贝丝适量，香菇适量，莴笋适量，西红柿片适量，青菜适量

调料 盐适量，葱花适量

创新点

我们利用烟台本地时令海鲜进行创新。选用墨鱼汁制面，黄花鱼熬汤。用四种海鲜——黄花鱼、海虾、干贝、墨鱼，搭配四种蔬菜——莴笋、香菇、西红柿、青菜制成八珍鱼汤小刀面。

制作关键

1. 选料要精细、鲜活。
2. 面条要筋道。
3. 鱼汤要鲜美无腥气。

制作过程

1. 把墨鱼取肉打成花刀，烫熟。墨汁备用。
2. 海虾去壳，去虾线，开背，煮熟。
3. 黄花鱼取肉煮熟，鱼骨熬汤。
4. 干贝丝、香菇、莴笋、青菜依次烫熟。
5. 墨汁加面粉和水和成面团，擀成面条。
6. 将擀好的面条切成 0.3 厘米宽的面条加盐煮熟，盛入碗中，依次摆好各种海鲜、蔬菜，最后浇入鱼汤，撒葱花即可。

赞词

海珍一碗无烹饪，
型味色香当几品。
借与鱼汤浸漫滋，
不需啖啜只需饮。

（王同峰）

刘明勇

烟台碧海饭店韵餐厅厨师长

虾子海参

杜群锋

烟台融通新时代酒店主管

主料　水发海参适量

辅料　干贝蓉 3 克，苦苣 20 克，虾子 5 克，时蔬卷（选用）适量

调料　盐 3 克，味精 3 克，胡椒粉 2 克，生抽 10 克，老抽 5 克，蚝油 10 克，料酒 5 克，生粉 5 克，大虾酱 5 克，白糖少许，葱少许，姜少许，植物油适量，清汤适量

赞词

金甲乌龙刺在身，
云山沧海是瑰珍。
如今厨匠巧施手，
奇气自生无不神。

（王同峰）

创新点

　　虾子具有浓郁的鲜味，是重要的鲜味调味品，它与海参的结合，使成品在营养、鲜度、口感方面得到了别样的提升。

制作过程

1. 将虾子、大虾酱加入少许盐、少许味精、少许白糖调和均匀待用。

2. 海参入清汤，加入剩余的盐、剩余的味精、胡椒粉、生抽、老抽、白糖、蚝油、料酒、葱、姜煨至入味，控净水分，拍匀生粉。

3. 锅内注油烧至六成热，将海参下入油锅冲炸，炸过的海参放上虾子混合酱。

4. 烤箱温度升到 180℃，将海参入烤箱内烤制 10 分钟取出。用苦苣垫底，配上时蔬卷、干贝蓉装盘即可。

制作关键

1. 虾子选用海虾子，它与大虾酱融合才能突出菜品的鲜美本味。

2. 海参在泡发时，掌握时间，确保海参鲜美本味不流失，具有弹牙的口感。

3. 海参在煨制时底味要入透，用葱、姜、料酒去净腥味。

百合梨膏烧牛肋

主料 牛肋排肉 1000 克

辅料 梨膏 40 克，鲜百合 50 克，南瓜粒 5 克，西芹 30 克，胡萝卜 30 克，洋葱 30 克，西红柿 40 克

调料 盐 15 克，花雕酒 30 克，糖色 30 克，鸡精 10 克，白酒 15 克，花生油适量，香料适量，白糖适量，大葱 20 克，生姜 20 克，香菜 15 克

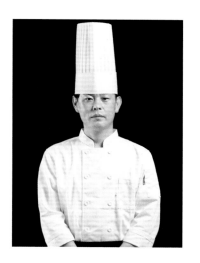

陈俊

烟台文化旅游职业学院教师

赞词

食材造化供行厨，
百合梨膏入画图。
未识盘中真气味，
只缘妙处夺工夫。
（王同峰）

创新点

将莱阳的梨膏搭配牛肋肉，既突出了梨膏的醇厚甘香、滋味酸甜，又体现了牛肋排肉的细嫩质感，使菜品口味咸甜、味浓醇鲜、层次分明，让人回味无穷。

制作过程

1. 把牛肋排肉改刀成大块，凉水下锅加入白酒汆水，待水烧开后撇去浮沫，捞出，洗净。

2. 砂锅中淋入花生油，加入香料、西芹、胡萝卜、洋葱、大葱、生姜、西红柿煸炒出香味，至断生。加入清水后，放入汆好的牛肋肉块及香菜，加入花雕酒、梨膏、糖色、白糖、鸡精等调味，在砂锅中用中小火炖 60 分钟至软烂。

3. 把炖好的牛肋肉改刀，切成 2×2 厘米的正方块。

4. 把炖牛肋肉的汁水倒入不粘锅，然后加入改刀成型的牛肋肉块，进行烧制，烧至汤汁浓稠。

5. 净锅入油，把鲜百合、南瓜粒放入锅中，加入盐翻炒。

6. 把烧制好的牛肋肉块摆入盘中，加入炒好的鲜百合、南瓜粒点缀即可。

制作关键

牛肋排肉要细嫩。

宁海州脑饭烩海参

王金波

烟台市牟平区彭氏菜根香非物质文化遗产传承基地行政主厨

赞词

脑饭百年宁海传，
清腴浓馥璧珠联。
而今更有乌龙卧，
风味不输锦绮筵。

（王同峰）

主料　大豆适量，大黄米适量，小黄米适量，海参适量

辅料　熟花生米适量，豆腐干适量，菠菜适量

调料　辣椒油适量，盐适量

创新点

　　在传承的基础上，创新地将脑饭和牟平养马岛的大刺参一起烹制，营养更丰富。

制作过程

1. 将大豆、大黄米、小黄米磨成粉，按照一定比例用凉水调制，放入沸水中熬成脑饭，盛出备用。
2. 将菠菜、豆腐干切细丁，煮熟。海参泡发好，煮熟。
3. 吃的时候，将处理好的辅料、熟花生米和海参、调料放入脑饭中即可。

制作关键

1. 豆浆、大黄米、小黄米按照 3 : 2 : 2 的比例配制。
2. 把鲜活海参用纯净水泡发 36 小时并在高压锅中煮制 15 分钟，这样的海参吃起来口感弹牙，营养价值高。
3. 脑饭熬制时间掌握在 10 ~ 12 分钟之间，熬至丝滑而非黏稠。

金秋蟹黄戏水晶虾球

主料 虎虾适量，大闸蟹适量

辅料 黄瓜段适量

调料 植物油适量，味精适量，盐适量，淀粉适量

装饰材料 树叶适量

刘明勇

烟台碧海饭店厨师长

特点

奇香四溢，晶莹剔透，形如明珠。

制作过程

1. 虎虾剥皮，取肉，改刀，做好造型。黄瓜段改刀，放在盘底。

2. 大闸蟹煮熟，取蟹黄。

3. 虾肉用淀粉上浆，滑油。锅留底油，烧热，放入虾肉加盐、味精调味出锅装在黄瓜上。

4. 放入蟹黄点缀菜品，用树叶装饰即可。

制作关键

1. 虎虾选料要新鲜。

2. 虾仁要处理干净。

3. 改刀的虾仁要求雪白无杂质。

赞词

如花妙质总宜人，
素雅冰清更绝尘。
虾馔天成腴态色，
蟹黄自惹客宾亲。

（王同峰）

妙笔生花

赵洋

山东城市服务职业学院
中式烹调教师

赞词

勾芡红烧葱白加，
猴菇莴苣佐参花。
应怜一枝蓬莱笔，
赚得江淹梦里夸。

（周玉祥）

主料　刺参适量，海参花少许

辅料　猴头菇适量，胡萝卜适量，莴苣适量，红椒适量

调料　盐适量，蚝油适量，味极鲜适量，冰糖老抽适量，清汤适量，水淀粉适量，大葱适量，香菜末适量，葱油适量，植物油适量

创新点

"妙笔生花"选用芝罘岛特产刺参、海参花等原料，搭配名贵食用菌猴头菇精制而成。将海参做成毛笔形状，再配以海参花制成的酸辣参花汤，海参口感软糯，参花酸辣适口、营养丰富。此菜造型精美，栩栩如生，以传统书法文化搭配饮食文化，更是相得益彰，意境深远。

制作过程

1. 将大葱改刀，胡萝卜、莴苣、猴头菇修整出料形。

2. 猴头菇放入碗内，加入清汤、盐放入蒸柜蒸制 10 分钟。锅内加入葱油，下入大葱，煸至大葱金黄，捞出放入碗内，加入蚝油、味极鲜、清汤，放入蒸柜蒸制 10 分钟。

3. 锅内加入清水烧开，下入刺参汆烫，捞出过凉，再下入修好料形的胡萝卜、莴笋焯水，捞出过凉备用。

4. 锅内加入葱油、蚝油、味极鲜，倒入蒸好的大葱，加入清汤、老抽、盐调色、调味，加入刺参烧制 15 分钟，淋入水淀粉勾芡，加入明油出锅，和胡萝卜、莴笋、猴头菇、红椒一起做成毛笔的造型。

5. 锅内加入清汤、盐，大火烧开，下入海参花，加入水淀粉勾芡，装入汤盅内，撒上香菜末即可。

制作关键

1. 熬制好葱油。

2. 原料刀工处理要精细。

3. 掌握海参烧制火候。

4. 掌握海参芡汁的厚度。

5. 掌握参花汤芡汁的厚度。

6. 造型要处理好。

古法蒸黄花鱼

主料 渤海湾黄花鱼适量

调料 盐适量，味精适量，白糖适量，料酒适量，胡椒面适量，葱适量，姜适量，蒜蓉酱适量，辣椒酱适量，八角适量，花椒适量

特点

鱼肉脆嫩，味道丰富。

制作关键

烹饪方式为蒸，蒸鱼时间为 20 分钟。

制作过程

1. 把渤海黄花鱼洗净，去内脏，改刀去刺。

2. 把葱、姜切成细丝，加入盐、味精、白糖、料酒、胡椒面、八角、花椒、白开水调出味，将改好刀的黄花鱼腌制。

3. 把腌制好的鱼二次改刀，摆盘。一小条鱼肉上放蒜蓉酱，一小条鱼肉上放辣椒酱，交错摆放，放入蒸锅蒸 20 分钟即可。

马德喜

龙口老船长饭店厨师长

赞词

新钓花鱼二尺黄，
去鳞剔骨断桥行。
清蒸慢火椒蓉蒜，
引得刘伶醉意长。

（周玉祥）

荔枝虾球

马德喜

龙口老船长饭店厨师长

赞词

珍馐物取未应衰，
出水青虾妙手栽。
三味调匀太真笑，
色香疑是岭南来。

（周玉祥）

主料　渤海湾海虾适量

辅料　面包糠适量

调料　盐适量，味精适量，白糖适量，料酒适量，胡椒粉适量，葱末适量，姜末适量，植物油适量

装饰材料　绿叶适量

创新点

渤海湾对虾属海产品中的"八珍"之一，营养丰富。对虾肉晶莹，味道鲜香绝美，肉质弹牙，回味鲜甜，配以水果、蔬菜，营养全面，且颇有童趣。

制作过程

1. 把渤海海虾洗净，去头，去皮，挑虾线。
2. 取虾肉拍碎，切成泥，加入葱末、姜末，搅拌均匀。
3. 加入盐、味精、白糖、料酒、胡椒粉搅拌均匀，做成丸子形状，放入面包糠，用面包糠均匀包裹虾丸。
4. 油锅烧热，油温四成热时下丸子，至油温五成热，虾丸膨胀后即可出锅，用绿叶装饰即可。

制作关键

烹饪方式为炸，炸虾球时间要控制在 3 分钟左右。

五福久财吉祥面

主料 高筋粉 500 克

辅料 香椿 5 克，猪大骨 1500 克，老母鸡 1 只，竹笋 5 克，红椒 5 克，黄瓜 5 克，海参适量，鲍鱼适量，大虾适量，扇贝适量，油菜 5 克，韭菜 5 克

调料 香菜 5 克，葱 5 克，蒜 5 克，盐 5 克，食用碱 2 克

装饰材料 樱珠适量

创新点

弘扬中华传统文化，以食材代表五福。采用实操表演的形式，做出来的面条，向人们展现美食与文化的完美结合。

制作过程

1. 用猪大骨、老母鸡制作成高汤。
2. 将面粉按照福山大面的制作要求加入盐、食用碱、350 克水和成面团，醒发后拉成面条。

3. 将海参、鲍鱼、大虾、扇贝洗净，放入高汤中煮熟。将面条和剩余的辅料煮熟放入碗中。
4. 将海参、鲍鱼、大虾、扇贝放入碗中，加入葱、蒜、香菜，用装饰材料装饰即可。

制作关键

以表演的形式现场制作。

权春晓

烟台福山大面餐饮有限公司厨师

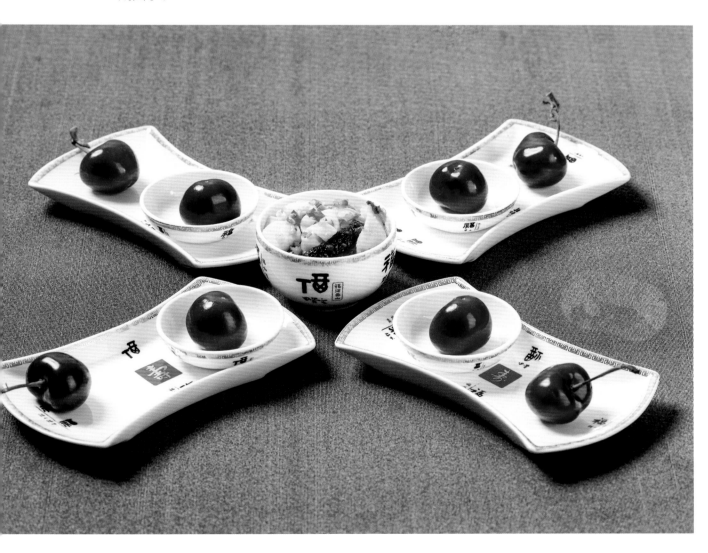

香煎无刺
三文鱼

董晓

烟台龙翔食品有限公司
营养师

主料　无刺三文鱼块 240 克

调料　黄油 5 克，玫瑰盐 3 克，黑胡椒粉 5 克

装饰材料　柠檬块少许，绿叶菜少许

特点

　　煎制过程中，三文鱼不断散发自然的香味。美味又健康。

制作过程

1. 煎锅烧热，抹上黄油。
2. 放入三文鱼块，将正反面煎至呈金黄色。撒上玫瑰盐、黑胡椒粉。
3. 出锅，用装饰材料装饰即可。

制作关键

1. 煎制过程中，仔细观察三文鱼颜色的变化，煎至色泽焦黄即可。
2. 不宜煎制太长时间。

糖醋脆汁鸡

主料　新鲜鸡腿肉 500 克，马铃薯淀粉 200 克，面粉 100 克

调料　味精 2 克，海鲜汁 5 克，海盐 3 克，番茄酱 25 克，白醋 5 克，油 1000 克

特点

　　色泽红亮油润，肉质鲜嫩，闻起来沁人心脾，吃起来香脆酸甜。

制作关键

　　炸鸡块需控制油温，油温不宜过高。

制作过程

1. 将鸡腿肉改刀成大块，加入味精、海鲜汁、海盐搅拌均匀，静置 20 分钟。

2. 在面粉中加入 200 克水搅拌均匀，将腌制好的鸡腿肉挂糊。

3. 挂糊后的鸡腿肉放入马铃薯淀粉中裹满淀粉。

4. 起油锅烧热，温度到 170℃放入裹粉后的鸡腿肉炸 5 ~ 6 分钟。

5. 另起锅，锅中加入油，加入番茄酱、白醋炒香，加入炸好的鸡肉翻炒均匀即可。

宋宁宁

春雪食品集团股份有限公司研发工程师

赞词

喷香瑞兽脆金黄，
舞雪佳人二裹浆。
巧法炸鸡出神味，
浓汁厚意请君尝。
　　（桂园）
嫩脆香丸韵致清，
披霞出海博嘉名。
酸甜裹汁真滋味，
满座堪惊点赞声。
　　（汪冬霖）

肉末宽粉

刘洋

龙大食品集团梅花山舍酒店
主厨

主料　龙大绿豆宽粉 40 克

辅料　五花肉末 20 克，香芹末 10 克

调料　蒜末 10 克，姜米 2 克，葱末 5 克，八角 1 个，植物油 5 克，盐 2 克，白糖 2 克，味极鲜酱油 5 克，鸡精 2 克

特点

本菜品选用纯绿豆淀粉制作的宽粉为原料进行烹调，能更好地吸收汤汁的鲜美味道。成品筋道，爽滑，弹牙。肉末、蒜末和香芹末的馥郁香气充分融合，回味无穷。

制作过程

1. 起锅烧油，待油温达到五成热，加入葱末、姜米、少许蒜末、八角和味极鲜酱油以及五花肉末炝锅。

2. 加入白开水，水开后加入龙大绿豆宽粉，煮 3 分钟。

3. 加入盐、白糖、鸡精调味。

4. 放入剩余的蒜末以及香芹末。

制作关键

对宽粉煮制时间的把控要精确，时间短了宽粉会发硬。

金汤肥牛

主料 肥牛片 250 克，金针菇 100 克，土豆粉 50 克

调料 金汤酱 30 克，酿造食醋 20 克，鸡汁 10 克，南瓜粉 4 克，白砂糖 5 克，香菜少许，植物油适量

周凯鸣

烟台天鹭食品有限公司厨务经理

特点

　　酸爽辛辣的金汤，清爽不腻的肥牛，饱吸了汤汁的金针菇，软糯弹牙的土豆粉，让人吃一次绝对还想下一次。

制作关键

1. 焯水过程不要太长，以免影响肉和菜的口感。
2. 炒制金汤酸辣酱时注意火候的控制。

制作过程

1. 肥牛片、金针菇和土豆粉焯水。
2. 另起锅，用除了香菜之外的调料炒制成金汤酸辣酱，加水烧至沸腾。
3. 将焯水后的原料倒入锅里搅拌均匀，加入香菜出锅即可。

赞词

过水肥牛浴嫩汤，
朱颜厚味数莱阳。
醇浓气象含金色，
豆粉烟光溢馨香。

（桂园）

海鲜水饺

梁汉凤

山东鲁海农业集团研发师

赞词

地道胶东四季花，
竹鲛海捕野生虾。
烹鲜水饺神仙味，
馔玉芬芳百姓家。

（桂园）

主料　海捕虾适量，野生鲅鱼适量，原汁贝丁适量，五花肉适量，韭菜适量，优质面粉适量

调料　花生油适量，盐适量，芝麻油适量，蚝油适量，葱适量，姜适量，香菜适量

创新点

　　使用当地新鲜海鲜原料，保证成品味道鲜美。采用特殊工艺和配方制作面皮和馅料，与传统的水饺区别开来，增强口感和风味。

制作关键

　　每个饺子包入的馅料中要确保包含 5 克左右的虾和贝丁。

制作过程

1. 用优质面粉和水和成面团。
2. 五花肉切成丁，韭菜、葱、姜、香菜切成末。虾、鲅鱼肉切成丁。将上述材料混合均匀，加入剩余的调料，拌匀，制成馅料。
3. 面团揪成 10 克左右一个的剂子，擀成圆片，包入馅料。
4. 将饺子煮熟即可。

肥肠毛血旺

主料　肥肠适量，黑毛肚适量，午餐肉适量，宽粉适量，豆腐皮适量，海带适量，杏鲍菇适量，鸭血适量

调料　混合油 40 克，郫县豆瓣酱 10 克，酿造酱油 10 克，味精 5 克，白砂糖 3 克，鸡汁调料 3 克，香辛料调味油 4 克，辣椒 5 克，香菜适量

特点

油滑透亮，不浑不浊。血旺细嫩，入口即化。肥肠香软弹牙，搭配毛肚、午餐肉等各种配菜，营养丰富。成品麻辣鲜香，汤汁红亮，香味醇厚。

制作过程

1. 提前将肥肠卤制，黑毛肚煮熟，宽粉浸泡，连同其他主料切成合适的规格。
2. 用混合油将除香菜外的其他调料炒制好，制成底料，加水烧开。
3. 将处理好的主料倒入底料锅内，烧热，搅拌均匀，加香菜，出锅。
4. 淋热油（分量外）烹出香味即可。

制作关键

1. 卤制肥肠和煮毛肚注意火候。煮熟的成品不能太烂，以免影响口感。
2. 炒制底料时注意火候的控制。
3. 淋油前，要将油烧到冒烟，那样香味才能激发出来。

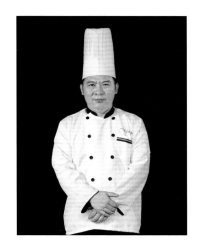

周凯鸣

烟台天鹭食品有限公司厨务经理

赞词

鲁菜肥肠毛血旺，
莱阳秘酱点丹阳。
宽粉豆腐鲜鸭血，
煮炒油炸吐御香。

（桂园）

莓莓四季

董梦汝

山东酪果屋餐饮管理有限
公司厨务经理

主料　牛奶 30 克，草莓果慕斯 80 克，茉莉茶汤 100 克，冰块 150 克，竹蔗冰糖 15 克，鲜草莓丁 20 克，奶油 40 克，奥利奥威化饼干 1 根，新鲜草莓（切两半）2 颗，草莓冻干碎 2 克

装饰材料　草莓适量，草莓干碎适量

创新点

整杯甜品用长白山草莓作为主料，增添了大果粒和清香的茉莉茶汤，结合了冰沙本身绵密、凉爽的口感，层次感分明，且奶香、茶香、水果香融为一体。成品外观造型精致生动，而且让人品尝到来自长白山的鲜甜。

制作过程

1. 直筒杯中倒入牛奶。
2. 冰沙壶中依次加入草莓果慕斯、茉莉茶汤、冰块、竹蔗冰糖，用冰沙机匀速搅打，至细腻、无明显颗粒状态。
3. 倒入直筒杯中，挤入奶油，撒草莓冻干碎、新鲜草莓、奥利奥威化饼干、鲜草莓丁，用装饰材料完成装饰。

制作关键

1. 冰沙要搅打至细腻状态。
2. 原材倒入顺序和比例要正确。
3. 杯中原料要分层呈现。

鲍鱼红烧肉

主料　精品五花肉 600 克，鲜鲍鱼 150 克，杏鲍菇 10 克，鹌鹑蛋 100 克

调料　葱 15 克，姜 15 克，蒜 15 克，香辛料 8 克，料酒 50 克，清酒 20 克，味琳 20 克，酱油 30 克，白糖 15 克，植物油适量

装饰材料　香菜少许

特点

　　猪肉采用莱阳当地的土猪肉，配上渤海湾的新鲜鲍鱼，加上鹌鹑蛋，做出这道美食。一种汤汁浓郁、色泽油亮的视觉冲击，肉香扑鼻的嗅觉刺激，让人停不下筷子。

制作过程

1. 五花肉蒸熟切成 2.5 厘米宽的条，然后改刀成方块，放在盘中备用。鲍鱼打十字花刀。杏鲍菇切成滚刀块。鹌鹑蛋煮熟，去皮。

2. 热锅凉油，油温烧至 180℃ 到 200℃ 下五花肉块炸到呈金黄色，倒入杏鲍菇块，等杏鲍菇块表面微微变黄，出锅。

3. 葱、姜、蒜放油锅中，小火煸出香味，放入五花肉块和杏鲍菇块，把其他调料倒入锅中，加清水至没过食材，大火烧开然后转小火，炖 1 小时左右。

4. 下入鲍鱼烧制 20 分钟后放入鹌鹑蛋，烧制 5 分钟，汤汁浓稠即可出锅，放上香菜即可。

制作关键

1. 五花肉进行蒸制。

2. 热锅凉油。

3. 鲍鱼打十字花刀。

田承晔

烟台龙顺食品有限公司名誉研发总监

赞词

莱阳大鲍红烧肉，
软糯纯香气韵新。
妙法天成蒸煮炖，
绝伦世味待知音。
花椒桂叶杏鲍菇，
料酒酱油染色金。
润燥滋阴补气血，
迎来送往道惟馨。

（桂园）

黄河口手撕鲈鱼

王涛

新汇东海岸温泉大酒店总监

主料　大鲈鱼 1 条（约 1500 克）

腌鱼调料　葱丝 200 克，姜丝 200 克，八角 30 克，花椒 15 克，小茴香 10 克，胡椒粉 15 克，二锅头 30 克，盐 250 克，味精 100 克

其他调料　植物油适量

搭配材料（选用）　玉米面 100 克，野菜 50 克

特点

成菜色泽金黄，口感外酥里嫩，回味悠长。

制作过程

1. 将所有腌鱼调料倒入容器后加 3500 克水，调和均匀，制成腌鱼汁备用。

2. 大鲈鱼去鳞、鳃、内脏，开背，片开，放入调制好的腌鱼汁中，腌制 12 小时。

3. 将腌制好的鲈鱼去骨，鱼头、鱼尾、中段、鱼骨分别下入油锅中炸至外酥里嫩。先将鱼头、鱼尾装盘，再将鱼肉用手撕成大小合适的长条装盘即可。

4. 此菜可以配上用玉米面和野菜制成的野菜窝头一起上桌。

制作关键

1. 腌制鲈鱼时间要足，否则会底味不足。

2. 用手撕鱼时顺着鱼肉纤维撕，使鱼肉呈长条状。

赞词

鲈鱼腌制半天功，
创意刀分炸制终。
嫩白撕开香扑鼻，
金牌网络立时红。

（孙淑静）

渔民智慧远流长，
昂头翘首鲈鱼香。
东西南北来做客，
风味特色待君尝。

（王涛）

黄甲传胪

主料　蟹黄酱 100 克，蟹壳适量

辅料　芦笋 100 克，虾胶 80 克，胡萝卜 10 克

调料　盐适量，鸡精适量，香油适量，花生油适量，葱姜水适量

装饰材料　芦笋段适量，黄瓜片适量，花朵适量，绿叶菜适量

赞词

黄甲传胪菜品殊，
取材湿地物丰腴。
东营秋季蟹肥美，
雅聚邀朋酒满壶。

（封学美）

创新点

黄甲传胪具有黄河口特色，将蟹壳和芦笋搭配起来，分别取其明丽之色、清鲜之味，令人品尝后回味无穷。

制作过程

1. 将 90 克芦笋斜切成段。将 10 克芦笋和胡萝卜切成末，放入虾胶中，加入葱姜水，搅打至上劲。将蟹黄酱用花生油炒制好。
2. 取蟹壳，酿入蟹黄酱、虾胶蔬菜混合物备用。芦笋段焯水，放入碗中，调入盐、鸡精、香油拌匀，摆入盘中。
3. 将酿好蟹黄酱等材料的蟹壳，下入四成热花生油中炸至上色、成熟，摆入盘中，用装饰材料装饰即可。

制作关键

1. 虾胶必须搅打至上劲，搅打时要加葱姜水。
2. 蟹黄酱要经过炒制。
3. 炸制时油温不可过高，也不能太低。

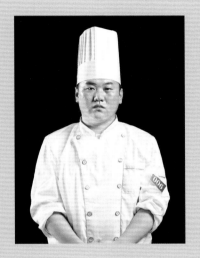

王俊霖

山东惠泽农业科技有限公司
厨师

特色熏猪手

于福华

东营龙凤祥大饭店技术总监

主料　排酸带筋猪手适量

卤汤调料　盐 60 克，花雕酒 15 克，当归 3 克，党参 4 克，甘草 5 克，白芷 5 克，花椒 3 克，草豆蔻 2 克，桂皮 5 克，八角 5 克，良姜 3 克，砂仁 3 克，丁香 2 克，陈皮 3 克，麻椒 3 克，茶叶包 1 个

其他调料　白糖适量，花茶适量

装饰材料　绿叶菜少许

创新点

加入去腥的茶叶及花雕酒，使成品口感更筋道，醇香不腻。

制作过程

1. 把猪手用喷火枪去毛及其他杂质。卤汤调料加水制成秘制卤汤。

2. 把去毛的猪手放入温水中泡制 30 分钟，收拾干净。

3. 把猪手放入凉水锅中，用大火烧开锅，去除浮沫与血水。

4. 把汆水后的猪手放入用卤汤调料做成的秘制卤汤中，用中火烧开锅后卤制 1 小时，关火，闷 12 小时。

5. 将卤汤再烧开，捞出猪手，放在铁架上，用白糖与花茶熏烤 5 分钟。将装饰材料垫在盘子上，将猪手切块装盘即可。

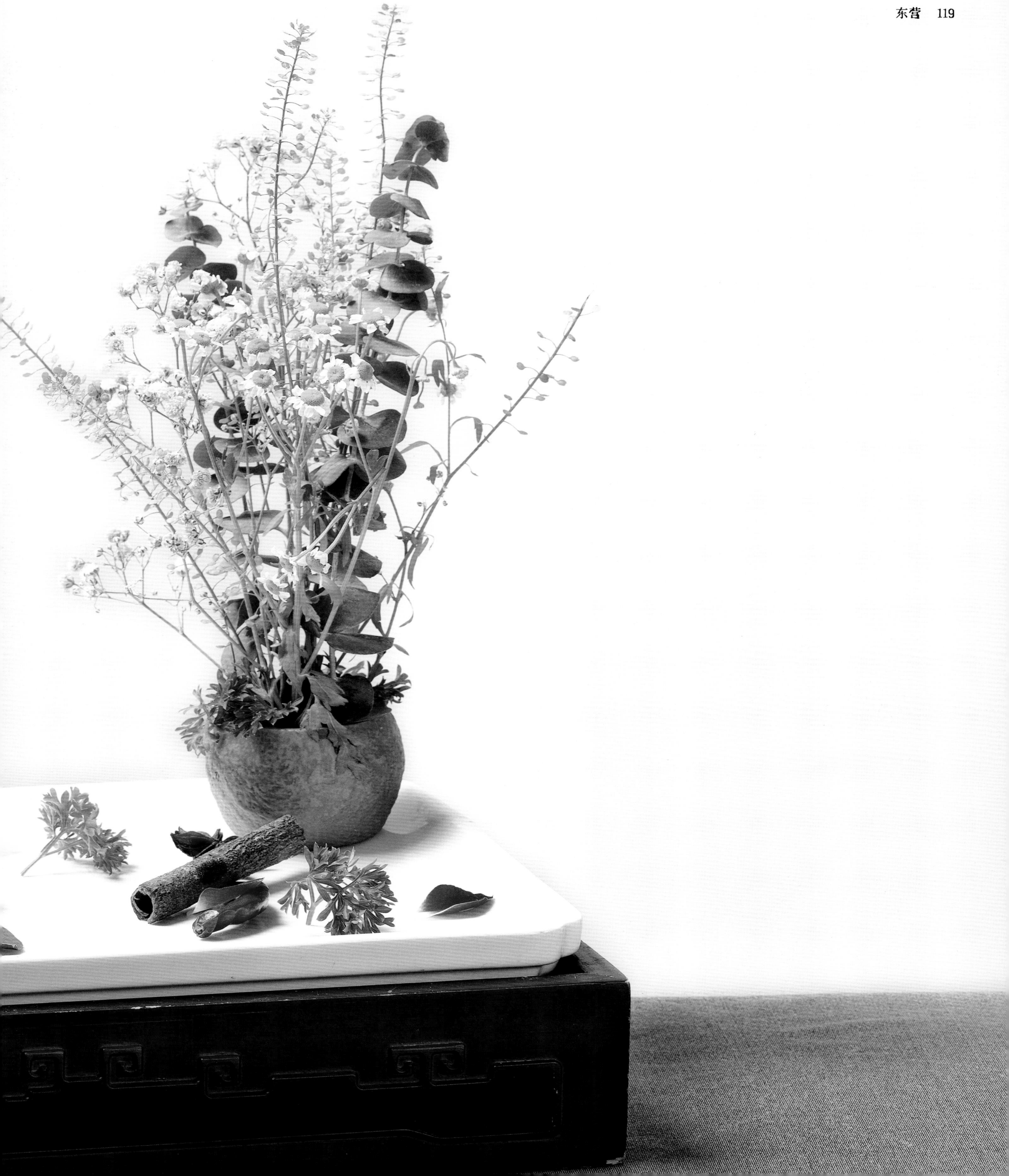

村长家的红烧肉

邢维华

村长家的疙瘩汤菜品总监

主料　三层带皮五花肉适量

调料　秘制酱汁 150 克，大葱段 4 克，姜片 5 克，八角 1 克

搭配材料（选用）　东北香米饭 160 克

创新点

　　精选生长时间在 10 个月以上的猪的肋部五花肉。这样的肉肥瘦相间，经过长时间的小火慢炖，做出的成品色泽红亮，酥烂不腻，入口即化。搭配一碗东北香米饭，使这一餐营养丰富，回味悠长。

制作过程

1. 将三层带皮五花肉放入蒸笼中，大火烧至上汽后再蒸制 45 分钟。
2. 放凉后切成 7 厘米 ×7 厘米 ×3.5 厘米的块。
3. 铁锅内倒入纯净水、秘制酱汁，放入大葱段、姜片、八角以及五花肉块。
4. 大火烧开，改小火烧 3.5 小时。

榴取丹心

李修同

枣庄市峄州大酒店有限公司
厨师长

赞词

鲁菜创新数峄城，
榴花绝配鸭心盟。
登堂入室舌尖醉，
佐酒佳肴享好评。

（封学美）

主料 有机石榴花适量，鸭心适量，有机菜胆适量，本地红尖椒适量

调料 美极鲜酱油适量，石榴汁适量，葱油适量，料头适量，辣鲜露适量，蚝油适量，白糖适量，植物油适量，水淀粉适量，料油适量

特点

此菜品口味鲜香浓郁，是一道有特色的地方菜肴。

制作过程

1. 将石榴花去心、洗净。鸭心洗净，改花刀，烫熟。菜胆改刀，洗净，烫熟。红尖椒切成条。

2. 将鸭心、石榴花过油。用美极鲜酱油、石榴汁、葱油、辣鲜露、蚝油、白糖做成复合酱汁。

3. 起锅烧油，放入料头炒香，放入复合酱汁，下入过好油的石榴花、鸭心烧入味。

4. 勾芡，淋入料油。在盘中装入菜胆，再放入石榴花和鸭心，放上红尖椒条即可。

制作关键

1. 食材要新鲜。
2. 突出原料特有的味道。
3. 掌控好火候。

果王脆皮鸡

龚航

山亭蓝海大饭店厨师

主料　山亭小公鸡肉适量

辅料　洋葱适量，西芹适量，胡萝卜适量

调料　大葱适量，生姜适量，花雕酒适量，盐适量，味精适量，脆皮水适量，植物油适量

装饰材料　绿叶菜片适量，水果片适量，鱼子适量

创新点

　　果王脆皮鸡这道菜将北京烤鸭的酥脆、肥而不腻与山亭本地小公鸡的肉质紧致、有嚼劲巧妙地融合在一起，辅以新鲜的时蔬汁腌制，将果蔬的天然香气融入到鸡肉里。浸炸使鸡肉皮脆，鲜香可口。

制作关键

　　腌制和静置时间要足够长。

制作过程

1. 将辅料加入大葱、生姜，榨汁，加入花雕酒、盐、味精，把鸡肉放入汁中腌制 4 小时。

2. 拿出晾晒半小时后抹脆皮水，再次晾晒后，静置 12 小时。

3. 放在低温油里浸炸，待鸡肉炸至呈金黄色时，捞出，切片，用绿叶菜片、水果片、鱼子装饰即可。

赞词

创新工艺脆皮鸡，

肉嫩皮酥食客迷。

榨汁鲜蔬腌底味，

北京烤鸭比高低。

（封学美）

鱼头佛跳墙

徐化亮

枣庄开元凤鸣山庄商务有限
公司行政总厨

主料　花莲鱼头 2000 克，熟海参 400 克，熟鲍鱼 400 克

辅料　熟鱼肚 100 克，熟蹄筋 100 克，熟鸽蛋 150 克，小青菜（烫熟）50 克

调料　盐 30 克，鸡精 20 克，鱼头酱 50 克，老抽 15 克，猪油适量，小料适量，高汤适量，虎皮蒜子适量，炸好的葱段适量，植物油适量

特点

　　此菜具有非常丰富的营养，品相大气，味道醇厚，体现了鲁菜讲究待客之道的豪爽的饮食特点。

制作过程

1. 将鱼头清洗干净，起油锅将鱼头两面煎至呈金黄色。

2. 取砂锅烧热，放入植物油、猪油，加入小料及鱼头酱，炒出香味后加入高汤，待汤烧开放入煎好的鱼头，加入老抽调色，加入虎皮蒜子、炸好的葱段，烧制 20 分钟。

3. 加入熟海参、熟鲍鱼、熟鱼肚、熟蹄筋、熟鸽蛋，用盐、鸡精调味后烧制 5 分钟，放入烫好的小青菜即可。

制作关键

1. 食材必须新鲜。鱼头要采用微山湖的花鲢鱼头。

2. 烹饪方法上采用鲁菜红烧技法，食材均要烧至入味。

3. 采用高汤制作，成品味道更加醇厚。

4. 汤汁收至浓郁，原料摆放整齐。

算盘子

时宗海

尼山宾舍炒锅主管

赞词

食材调料巧布局，
玉润珠圆成算盘。
招财聚宝品饵膳，
富贵盈门味可餐。

（桂园）

主料　鲜猪肝 400 克，鲜小肠 200 克，鸡蛋清 2 个

调料　盐 10 克，鸡粉 6 克，葱 15 克，姜 15 克，淀粉 20 克

装饰材料　大米适量，茄子块适量，茄子皮适量，花瓣少许，绿叶菜少许

特点

　　此菜形似算盘。每一颗算盘子味圆玉润，口感弹滑。此菜寓意招财进宝，富贵临门，体现了中华美食悠久的历史和独特的文化。

制作关键

1. 此菜是造型菜，小肠衣要彻底清干净。

2. 绳子分扎均匀。

制作过程

1. 鲜小肠清洗干净，鲜猪肝去除筋，葱、姜切片。

2. 猪肝用刀背剁成泥，加葱片、姜片、鸡蛋清、盐、鸡粉、淀粉，搅拌均匀，用纱布过滤后，装入小肠中，用绳子隔一段系紧一次，分割成许多小球。

3. 将猪肝小球整理好造型，上笼蒸 26 分钟，晾凉，用装饰材料装饰即成。

牡丹孔府富贵鱼片

丰丙超

曲阜鲁能 JW 万豪酒店孔府菜厨师长

主料 草鱼肉 750 克

辅料 鱼子酱 5 克，柠檬汁 10 克，香菇适量，绿叶菜少许

调料 蜂蜜 5 克，白糖 5 克，白醋 5 克，植物油适量

装饰材料 酱汁少许

特点

　　鱼和牡丹都有吉祥喜庆、繁荣富贵的象征意义。这款鱼片展现了富贵与典雅的气质，把富贵之气传递给子孙后代。

制作过程

1. 草鱼肉洗净，片成牡丹瓣状薄片，用蜂蜜、白糖和白醋腌制，手工敲打薄片，入油锅中炸制。香菇焯熟。

2. 用鱼片、香菇、绿叶菜摆放成牡丹造型，放在盘内。

3. 锅内放植物油烧热，烹入柠檬汁，浇在牡丹鱼片上，再将鱼子酱放在花心上。用酱汁写上字即成。

制作关键

　　草鱼鱼片手工敲打成型，口感才会滑嫩脆爽。

赞词

> 牡丹花开甲天下，
> 国色天香人人夸。
> 花瓣原是鱼肉做，
> 改刀成片调料撒。
> 过罢油锅来定型，
> 摆盘便成朵朵花。
> 又是一道孔府菜，
> 营养瘦身称专家。
>
> 　　　　（冯殿卿）

油爆结鳃腰

时宗海

尼山宾舍炒锅主管

主料　猪腰 400 克

辅料　冬笋 100 克，水发木耳 30 克

调料　生姜 20 克，大蒜 20 克，香醋 15 克，酱油 10 克，料酒 10 克，白糖 5 克，淀粉 5 克，植物油适量

装饰材料　绿叶菜适量

创新点

　　此菜为孔府内厨的传统菜品，因其刀工考究，成菜型似鱼鳃，故命名为油爆结鳃腰。

制作过程

1. 猪腰去筋、皮，一分为二，剔除腰骚。冬笋切片，木耳去蒂，姜、蒜切片。

2. 猪腰改成鱼鳃片，过油。另起油锅，放入辅料，加剩余的调料翻炒，用绿叶菜装饰即可。

制作关键

　　炒制时油温七成热，翻炒 3 秒即可出锅。

流苏花开

主料　活海参 1 只，墨鱼 100 克

辅料　牛毛菜 10 克

调料　香菜末 3 克，清汤 250 克，白醋 5 克，盐 2 克，料酒 2 克，胡椒粉 1 克，姜丝 3 克

程辉

邹城市亚圣餐饮管理有限
公司厨师长

创新点

造型美观，富有诗意。

制作过程

1. 将活海参治净，改一字拉花刀，放入纯净水中泡制。

2. 将墨鱼取净肉，用料理机打成墨鱼泥，用盐和白醋、胡椒粉、姜丝调味，搅打至上劲，装入裱花袋中，用裱花袋将墨鱼泥挤入托盘中呈流苏花状，浇入 100℃ 开水烫至成熟。

3. 将牛毛菜治净，入开水，加入料酒。海参余熟。

4. 将海参、牛毛菜放入碗中，冲入清汤，撒入香菜末，将挤好的流苏花摆入碗中即可。

制作关键

1. 处理海参要把海参嘴去掉，余制的时候水温不要太高，80℃ 左右，水温太高容易使海参太硬，口感不好。

2. 汤选用清鸡汤，能增加菜品的鲜味。

3. 普通流苏花是四个花瓣，要用裱花袋挤出四个细长条。

赞词

树覆一寸雪，
香飘十里村。
孟府赐书楼，
流苏四百龄。
花开新鲁菜，
芳沁而今人。
墨鱼牛毛菜，
海参兰心存。

（桂园）

瓢百花虾排

丰丙超

曲阜鲁能 JW 万豪酒店孔府
菜厨师长

主料	净虾仁适量
辅料	鸡蓉 100 克，杏仁片 20 克
调料	料酒适量，盐适量，葱片适量，姜片适量，花椒适量，淀粉适量，猪大油适量
装饰材料	苦苣适量
搭配材料	酱汁 10 克

创新点

此菜色彩斑斓，外酥里嫩，经炸制，形如百花齐放，优美雅致，是孔府内眷喜食之传统名菜之一。

制作过程

1. 将虾仁片开，用刀轻轻拍一下，摆入盘内，加料酒、盐、葱片、姜片、花椒腌渍 5 分钟。

2. 捡去葱片、姜片、花椒，在虾仁上撒上一层淀粉，把鸡蓉瓤在虾仁上面，把杏仁片掰成小片，均匀地插在虾仁上。

3. 锅内加入猪大油，烧至五成热，将虾仁造型逐个放入锅内，炸至杏仁片都展开，形如百花齐放，倒出沥油，摆在盘中，搭配酱汁，用苦苣装饰即成。

制作关键

鸡蓉与虾仁的配比是关键。

赞词

百花绽放朵朵艳，

色泽黄红味鲜美。

名雅意切质酥脆，

瓢得精品不是吹。

风景美食宴席上，

美味观赏食客醉。

文化悠久且灿烂，

此菜为证已"实锤"。

（冯殿卿）

椒麻雏鸡

庞克强

曲阜尼山书院酒店厨师长

主料　小公鸡肉适量

辅料　彩椒碎 2 克

调料　海鲜酱 2 克，辣鲜露 1 克，东古一品鲜 2 克，胡椒粉 1 克，白糖 1.5 克，色拉油适量，盐适量，大葱 5 克，黄姜 5 克，蒜蓉 1.5 克

装饰材料　油炸面条造型，绿叶菜适量

搭配材料　辣椒面适量

创新点

外酥里嫩，味道丰富。

制作过程

1. 将鸡肉进行初加工。
2. 斩成 3 厘米宽的条，用色拉油之外的调料和配料腌制入味。
3. 锅中入油，油温五成热时下入鸡条。炸至金黄，油温七成热时复炸，用装饰材料装饰，搭配辣椒面即可。

制作关键

1. 鸡块腌制前要沥干水分。
2. 鸡块第一次下锅需要用五成热油浸炸，用七成热油复炸至外焦里嫩。

赞词

饮食文化源流长，
鸡烹佳肴上百样。
麻鸡本是川渝菜，
孔府厨艺有独创。
先腌后炸色金黄，
外酥里嫩味道香。
鲜咸唇麻真可口，
无骨无渣实难忘。

（冯殿卿）

油炸凤眼鸽蛋

宫鑫

尼山宾舍炒锅主管

主料　馒头片 200 克，虾胶 150 克，鸡蛋 30 克，猪肥肉末 50 克，鸽蛋 100 克

调料　盐 2 克，白糖 1 克，植物油适量

装饰材料　绿叶菜适量，花瓣少许，花 1 朵

特点

生动形象，高贵典雅，颜色金黄，外酥里嫩。

制作关键

虾胶要搅打上劲，在馒头片上抹匀。炸制时油温不要过高。

制作过程

1. 馒头片切成菱形，中间挖一个洞。

2. 虾胶、猪肥肉末、盐、白糖、鸡蛋混合，搅打至上劲。

3. 将虾胶混合物抹在馒头片上，嵌入鸽蛋，用四五成热的油炸至外酥里嫩，用装饰材料装饰即可。

落水泉

主料　去根鲜羊舌 600 克

调料　姜片 50 克，白芷 5 克，花椒 3 克，盐 15 克，鸡粉 10 克，生粉 5 克

装饰材料　熟莴苣圈少许，绿叶菜少许

创新点

此菜将食材原料码成一圆形，中间留孔喻为泉眼，并在其上浇以薄芡，似在水中观赏泉眼，故取名为落水泉。

制作关键

去根羊舌要把羊膻味处理好。

制作过程

1. 去根鲜羊舌泡水 2 小时，清洗干净。
2. 锅中加水，烧热，放羊舌、少许姜片、白芷、鸡粉、花椒、盐，煮 28 分钟，捞出晾凉，切片。
3. 将羊舌片码在碗中，加剩余的姜片上笼蒸 20 分钟，用生粉勾芡，将芡汁浇在菜上。出锅后做好造型，用装饰材料装饰即可。

时宗海

尼山宾舍炒锅主管

赞词

孔府创新菜，
羊舌谱新篇。
花椒白芷入，
型为清冽泉。
色泽欢喜人，
营养味美兼。
软嫩皆宜妙，
佳肴美馔玄。

（桂园）

泰山天花药膳煲

张林

若寓开元国际大酒店厨房
膳食总监

赞词

七种精灵出自然，
一身尽属世间鲜。
始皇祈寿兼柴望，
应借神汤论圣贤。

（胡桂海）

主料　泰山天花 200 克，土鸡块 1500 克，鸡脯肉泥 500 克

辅料　泰山鲜黄精 10 克，泰山何首乌 5 克，泰山鲜灵芝 5 克，泰山四叶参 10 克，虫草花 10 克，小油菜心 6 棵，枸杞 5 克，干贝丁 10 克

调料　大葱段 20 克，姜片 50 克，八角 5 克，花椒 10 粒，料酒 20 克，盐 16 克，白糖 8 克，泰山泉水 5000 克

创新点

此菜品选用泰山的天花，配以泰山四宝（何首乌、黄精、四叶参、灵芝），打破传统清炖鸡做法，使鸡汤口味更鲜美，营养更丰富。菜品有土鸡的肉香与天花淡淡的清香。

制作过程

1. 将剁好的土鸡块洗净。
2. 泰山天花用手撕成小块状。泰山四叶参洗净。泰山鲜灵芝切成厚 0.3 厘米的片。何首乌切成厚 0.2 厘米的片。泰山鲜黄精切成厚 0.2 厘米的片。
3. 将鸡块与泰山泉水一起下锅，加入料酒、少许姜片，余水，撇出血沫，捞出。将鸡块洗净和原汤入高压锅，加少许大葱段、少许姜片、八角、干贝丁、花椒，上汽后压制 20 分钟，捞出鸡块。
4. 另起锅，加入鸡脯肉泥，加剩余的葱段、剩余的姜片、纯净水，加入炖鸡的鸡汤，中小火烧开 20 分钟后取出清鸡汤，倒入砂锅中。
5. 天花块、黄精片、何首乌片、四叶参、灵芝片焯水，同鸡块一起放入鸡汤内小火煲 10 分钟，加入虫草花、菜心、枸杞、盐、白糖，稍煮上桌即可。

制作关键

1. 用的鸡一定选用自然生长的土鸡。
2. 煲汤用的汤一定是炖鸡块的原汤。
3. 炖清鸡汤的时候要用小火，如果用大火炖，汤容易浑浊。

泰山祈福

主料 泰安豆腐 800 克

辅料 烟台高压参 50 克，泰山甘栗 50 克，新泰去皮花生 50 克，东平湖菱角 50 克，芹菜末 10 克

调料 盐 3 克，葱油 20 克，香菜 10 克，猪蹄汤适量，秘制酱料适量，鸡汤适量，淀粉适量，花生油适量

牛长涛

琼花岛酒店中餐厅厨师长

创新点

1. 此菜品是在普通材料的基础上把泰山甘栗、新泰花生、东平湖菱角等特产融入其中做成的。

2. 传统民俗"福文化"与饮食文化的完美融合，以菜品的形式呈现。菜品美观大方，造型新颖，口感细腻，味道极佳。

制作过程

1. 将泰安豆腐用刀抹成泥。

2. 泰山甘栗取肉，东平湖菱角去皮。花生清洗干净，用猪蹄汤煲熟。甘栗肉和菱角肉切 0.5 厘米见方的丁，高压参切丁，用猪蹄汤煲至入味。

3. 用花生油把辅料炒香，加盐、葱油调味，加豆腐泥拌匀，逐层放入模具中，最后将豆腐泥抹均匀。

4. 入蒸车蒸 10 分钟后，用秘制酱料标上福字，浇上鸡汤、芡汁，放入香菜即可。

制作关键

1. 制作本菜品的关键点是选用泰安本地豆腐。这种豆腐入口绵柔嫩香。

2. 把泰山甘栗、东平湖菱角、新泰花生、长岛海参煲至入味并用葱油炒香。

3. 入蒸车蒸 10 分钟后，用秘制酱料标上福字，一定要浇上用鸡汤打的芡汁。

赞词

养生妙法各春秋，
五福从来不易求。
怪道君王朝泰岱，
一盘豆腐动神州。

（胡桂海）

黄精赤鳞鱼

张德华

泰山美墅度假酒店厨师长

主料　赤鳞鱼 40 克

辅料　泰山黄精 20 克，鸡蛋黄 20 克

调料　白糖 5 克，盐 5 克，鸡粉 5 克，葱花 10 克，姜片 10 克，脆炸粉 50 克，吉士粉 50 克，花椒 5 克，花雕酒 10 克，植物油适量

创新点

　　赤鳞鱼是泰山名吃，和泰山黄精进行巧妙搭配，做出这道创新菜品。

制作过程

1. 把赤鳞鱼治净，用花雕酒、少许盐、葱花、姜片、花椒、鸡粉、白糖腌制入味。

2. 黄精打皮，洗净，切丝，冲水，用蛋黄、剩余的盐、吉士粉抓匀，入油锅炸至酥脆。

3. 腌制好的赤鳞鱼用竹签串成雨燕状，拍脆炸粉入油锅炸至金黄、酥脆。

4. 用炸好的黄精丝垫底，炸好的赤鳞鱼摆到黄精丝上面，将竹签抽出摆盘即可。

制作关键

1. 赤鳞鱼要选用活的，要把黑膜去除，去干净鳃，腌制 10 分钟左右。

2. 炸鱼前把鱼均匀地拍上脆炸粉。油温不能太高，小火慢炸，炸成雨燕状。

3. 黄精切细丝，拍吉士粉，加盐等材料抓匀，小火慢炸，炸成金丝形状。

一品桃胶灵芝鸡

主料 泰山土鸡 1 只（约 1000 克）

辅料 肥城桃胶 100 克，泰山灵芝 50 克，辽参 150 克，大连鲍 150 克，花胶 50 克，蹄筋 100 克，虫草花 20 克，红枣 20 克，菜心 50 克，枸杞少许

调料 盐 25 克，味精 20 克，鸡精 25 克，花雕酒 30 克，生姜 30 克，香葱 20 克，泰山山泉水 1000 克

创新点

此菜精选山林间散养的农家土鸡，配上地方特色食材桃胶、灵芝等，再加入海参、鲍鱼、花胶、蹄筋等材料，经过小火慢炖制作而成。成菜汤清见底，醇厚鲜香，营养丰富。此菜通过整料出骨的方式剔除了食材中的骨架，从而方便宾客食用，深入体现了制作者的精工细作的精神。

制作过程

1. 土鸡宰杀干净，整料出骨，漂洗干净。
2. 所有辅料清洗干净，干料用水泡发。菜心焯熟。
3. 将除红枣、菜心、枸杞以外的辅料酿入鸡腹中，并用鹅尾针封口避免材料外溢。
4. 砂锅中注满山泉水，放入香葱、生姜和花雕酒，放入初加工好的鸡，小火慢炖 3 小时，待鸡酥烂后即可用盐、味精、鸡精调味，并放入焯水后的菜心和红枣、枸杞即可上桌食用。

制作关键

选用肥城精品桃胶、泰山散养土鸡、泰山泉水、泰山灵芝，使用多种烹饪技法，最终呈现了这道立足乡土，受到广泛欢迎的新派鲁菜。

赵兴生

泰安一滕开元名都酒店中餐厨师长

赞词

慢火煨成一品鸡，
个中食料自天齐。
灵芝草味飘家宴，
直欲挥毫岱上题。

（胡桂海）

书写新矿

李承献

山东能源集团国际酒店有限
公司行政总厨

赞词

搛笔书成一矿新，
平阳城里客生津。
休言食料尚精妙，
取自乡间味更真。

（曹正文）

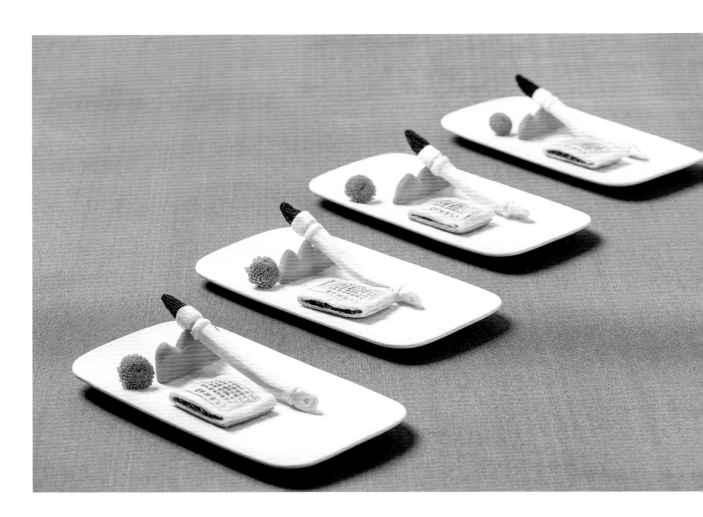

主料　新泰楼德煎饼 100 克，新泰小胡豆腐皮 10 克，新泰果都咸菜 10 克，胡萝卜 10 克，莴苣 10 克

辅料　茭白 100 克，龙美羊肚菌 10 克，虾胶 10 克

调料　浓汤适量，植物油适量，葱花少许，盐适量，味精适量

装饰材料　胡萝卜造型块，绿色果球适量

创新点

　　本菜品在原料的选择上，主要使用了新泰市的地方名吃。除此之外，还用到了新矿龙美生态园出品的"有机羊肚菌"。食材天然、健康，特别符合当代人们的饮食喜好。

制作过程

1. 茭白洗净，去皮后雕成笔管状。

2. 羊肚菌泡发洗净后酿入虾胶，点缀成笔头。将"毛笔"放入浓汤中蒸 5 分钟。

3. 将小胡豆腐皮、果都咸菜、胡萝卜、莴苣切成丝，焯水。锅内加入油，烧热，下葱花炝锅，下各种丝，翻炒均匀，加入盐、味精调好味。

4. 楼德煎饼铺开，放入炒好的丝，叠成 3 厘米宽的长方体，折叠 6 次，然后改刀成长 5 厘米的长方体，盖上新矿简介。

5. 电饼铛调至 280℃，放入叠好的煎饼，将两面煎制，装盘后放入蒸好的"毛笔"，用装饰材料装饰即可。

制作关键

　　选择优秀食材。

九品贡煎饼

主料 大米适量

辅料 玉米适量，小米适量，黄豆适量，高粱米适量

搭配材料（选用） 咸鱼少许，黄瓜条适量，大葱段适量，樱桃少许，蘸料适量

创新点

九品贡煎饼是在传统煎饼的基础上，精选五常大米作为主料配以多种杂粮制作而成的。将制作工艺创新地改进为 16 道工序，不添加防腐剂，不添加色素和香精，不添加蔗糖。产品入口即化，薄如蝉翼，软糯香甜，安全健康，老少皆宜。

制作过程

1. 大米清洗干净。

2. 玉米、小米、黄豆、高粱米混合浸泡。

3. 大米蒸熟。熟大米和混合米混合均匀，搅拌。

4. 研磨成米浆，发酵后摊制成煎饼。

5. 均匀地洒上水，恒温恒湿焖制。

6. 叠制成品，搭配其他材料上桌即可。

制作关键

1. 精选原料。

2. 米浆发酵。

3. 煎饼摊制成型。

赵仰胜

九品贡（山东）食品有限公司行政总厨

赞词

泰岳东平起广湖，
鲜香万物卷薄酥。
十方五谷全杂汇，
九品餐食贡雅俗。
覆手翻出圆望月，
蒸霞日落显真如。
松酥爽口香飘远，
笑指西坡瓜豆熟。

（桂园）

清炖奶汤鱼头

王中东

新泰市荣峰国际饭店行政
总厨

赞词

白乳芳香味蕾开，
青云湖里备良材。
花鲢有意酬宾客，
每美佳肴新泰来。

（曹正文）

主料　鳙鱼鱼头 1 个

调料　盐适量，味精适量，胡椒粉适量，白糖适量，猪大油适量，白酒适量，白醋适量，香油适量，
　　　　姜适量，香菜适量

特点

鱼头汤味鲜，汤浓如乳，造型美观，老少皆宜。

制作过程

1. 姜削皮，香菜切小段。将鳙鱼鱼头的血清理干净，黑膜处理干净。

2. 猪大油下锅，下入姜炒香以后下鱼头，鱼头两面都煎至金黄，加入白酒，最后再加入烧开的纯净水，大火烧开炖出奶汤之后，用小火盖盖炖 10 分钟。

3. 出锅时加入其他调料即可。

制作关键

鱼头清洗去内部的黑膜。用猪大油煎至表面金黄后再加入开水。

新矿老味鲤鱼

主料　汶河鲤鱼 1 条（约 2500 克）

辅料　龙美金耳 10 克，明宫芹菜 10 克，龙廷莪子 10 克

调料　葱适量，姜适量，蒜适量，香菜适量，黄豆酱适量，米醋适量，盐适量，胡椒粉适量，
味精适量，植物油适量，淀粉适量

柏士同

山东能源集团国际酒店有限
公司厨师长

创新点

　　新矿老味鲤鱼使用先炸后炖的烹饪技法，做出的成品在口味上由之前的突出酱香味创新为酸辣味，更加突出鱼的鲜美之味。加入当地特色产品龙廷莪子、明宫芹菜、龙美金耳，使其口感更加丰富多样。

制作过程

1. 鲤鱼宰杀，刮鳞，去鳃，去除内脏后洗净，打柳叶花刀，拍淀粉，入六成热油中炸酥。

2. 龙美金耳切成小块。芹菜洗净，顶刀切末，和金耳块一起氽水。龙廷莪子用温水泡发，洗净。

3. 锅内加入油，放入葱、姜、蒜、香菜、黄豆酱煸香，烹入米醋、盐、胡椒粉、味精，放入炸好的鲤鱼，加水至超过鱼身，放入洗好的莪子小火炖制 1 小时，收汁装盘，撒入其他配料即可。

制作关键

炖制时间要长。

赞词

味老修成菜品新，
鲜香酸辣每酬宾。
容颜犹美龙门迹，
寓意祥和自可人。

（曹正文）

泰山福禄如意卷

刘海廷

泰安市东岳山庄行政总厨

主料　五花肉 500 克

辅料　泰山黄精适量，白萝卜适量

调料　小香葱少许，姜片 15 克，冰糖 300 克，老抽 60 克，生抽 260 克，十年花雕酒 500 克

装饰材料　胡萝卜条少许，葱丝少许

特点

此菜用到的黄精生长于泰山，它是泰山四大名药之一。此道药膳是补虚美容之佳品。

制作过程

1. 把五花肉改刀成方块。将白萝卜做成中空的葫芦造型，焯熟。
2. 把泰山黄精切成大厚片，和肉块绑在一起，放在砂锅内，然后把五花肉块肉皮朝下放在砂锅内。
3. 倒入花雕酒、生抽调味。放入小香葱、姜片、冰糖、老抽，焖煮 3 小时。
4. 捞出肉块改刀成片，放入葫芦造型内。用胡萝卜条和葱丝装饰葫芦造型即可。

制作关键

掌握好烧肉调料的比例，控制好火候。

赞词

卷尽仙家俗世珍，

祈来福禄伴年轮。

泰山灵气千秋在，

护佑童儿与老身。

（胡桂海）

蟹粉珍珠扇贝圆

主料　威海湾梭子蟹适量，扇贝肉适量

辅料　蛋清适量，芦笋丁适量，胡萝卜蓉适量，南瓜泥适量

调料　盐适量，味精适量，花生油适量，清汤适量，葱适量，姜米适量，淀粉适量

张学谦

威海市威海卫大厦有限公司
主厨

创新点

　　在传统鲁菜扒鲜贝圆的基础上进行改进和创新。把大丸子改成珍珠小丸，加入蟹黄、蟹肉，使菜肴口味更加丰富，口感更加细腻。

制作过程

1. 扇贝肉切丁，加入蛋清、盐、味精，入料理机搅打成糊，手工制成珍珠小丸子，入水中氽熟。

2. 梭子蟹入蒸箱蒸熟，去壳取蟹黄、蟹肉。

3. 锅内放油，加葱、姜米爆锅，放入胡萝卜蓉、南瓜泥炒香，加入清汤、蟹黄、蟹肉、芦笋丁，加盐、味精调味，勾芡出锅即可。

制作关键

　　选的扇贝要洁白细腻。做的珍珠小丸子要饱满均匀、大小一致。

赞词

从来口福美东隅，
扇贝祈求品位珠。
蟹已成仁幽梦在，
精魂自可卧珍珠。

（曹正文）

芦菔烧野生大墨鱼

申亚亭

荣成石岛宾馆有限公司主厨

主料　白萝卜 1000 克，大墨鱼 1500 克

调料　味达美酱油 30 克，老抽 10 克，料酒 10 克，盐 5 克，鸡精 5 克，植物油适量，葱适量，姜适量

特点

　　芦菔烧野生大墨鱼这道菜品用的主料是大墨鱼、有机白萝卜。两者结合，达到了食疗养生的效果。

　　此菜特点是色泽明亮、入味软糯、老少皆宜，适合秋季养生。

制作过程

1.　将大墨鱼剖开，清洗干净，打上花刀。白萝卜洗净去皮，打上花刀。

2.　将墨鱼、白萝卜焯水。

3.　起锅烧油，下入葱、姜爆锅，加入味达美酱油、料酒，加入清水，放入墨鱼、白萝卜大火烧开，加入老抽调色，加入盐、鸡精，炖 20 分钟收汁，摆好造型即可。

制作关键

　　白萝卜要入味软糯，大墨鱼的花刀要均匀。

海带菜粑粑

主料　深海小海带 300 克，面粉 500 克，玉米面 50 克
辅料　金瓜丁 50 克，虾皮 5 克，鸡蛋 1 个
调料　盐 2 克，鸡精 2 克，高汤少许，葱花 5 克，姜末 2 克，酵母 10 克，植物油适量

刘玉超

荣成石岛宾馆有限公司主管

特点

　　海带菜粑粑这道美食最大的特点是玉米面与威海地区特色食材海带的结合，体现了养生文化与本土特色食材有机结合的特点。菜粑粑是威海传统风味家常面点，对本地人而言是菜与面的终极美味结合体。

制作过程

1. 海带洗净，加入高汤，放入蒸柜蒸软糯，切碎，加入葱花、姜末、虾皮、盐、鸡精，调成馅。

2. 面粉加入玉米面、金瓜丁、鸡蛋、酵母、水和成发酵面团。

3. 面团发好后下剂包入馅，醒好，入蒸柜蒸 15 分钟，放入电饼铛中烙至色泽金黄，切开装盘即可。

制作关键

　　海带入汽柜蒸制时必须蒸至软糯。发酵面团包好馅后必须醒发好再入汽柜蒸制。

赞词

民间小吃菜粑粑，
海带新开味蕾花。
就地取材添食谱，
传名石岛到天涯。

（封学美）

海捕大虾
炖丝瓜

王海龙

威海百纳瑞汀酒店有限公司
主厨

赞词

情投意合配丝瓜，
最美郎君是大虾。
挑战舌尖尝绝味，
创新鲁菜绽奇葩。
（封学美）

主料　海捕大虾 500 克，丝瓜 300 克

调料　花生油 35 克，盐 4 克，鸡精 5 克，料酒 10 克，葱片 8 克，姜片 6 克，山泉水适量

特点

　　本道菜品精选优质的海捕大虾制作而成，营养价值很高。虾和丝瓜一起食用，对身体健康很有好处。

制作过程

1. 将丝瓜去皮，切成圆片，大虾去虾线。

2. 起锅烧油，加入姜片、葱片，炒至出香味，放入海捕大虾煎至两面上色，烹入料酒，加入烧开的山泉水，大火烧开锅后继续炖 4 分钟。

3. 放入切好的丝瓜片，加入盐，继续炖半分钟，加入鸡精。

4. 捞出大虾和丝瓜片装盘，做好造型即可。

制作关键

1. 要精选大虾和丝瓜。丝瓜去薄薄的一层皮，皮去多了，做出的成品就不绿了。

2. 虾的虾线要去干净，爆锅时要炒出香味，炖出虾油。

海胆灌汤包

主料　猪肉馅适量，猪皮适量，海胆适量，面粉适量
辅料　青椒丁适量
调料　葱花适量，香菜碎适量，盐适量，鸡精适量，老抽适量，味达美适量

特点

　　皮薄多汁，肉嫩汤鲜。包子入口，回味无穷！

制作过程

1. 将猪皮切成小块，放入锅中加水熬制，半小时后盛出，晾凉即成皮冻。皮冻切成丁。
2. 在面粉中加入适量热水搅拌均匀，加入凉水，搅拌，揉成面团。
3. 在肉馅中加入盐、鸡精、老抽、味达美、水，搅拌，调好后再加入葱花、香菜碎、青椒丁，搅拌均匀，加入皮冻丁、海胆。
4. 将揉好的面团搓条、下剂、擀皮，用"提褶"包的技法包制，放入锅中蒸制6分钟即可。

制作关键

1. 要保证食材新鲜，只有新鲜的海胆等食材才会让汤包味道鲜美浓郁。
2. 上锅蒸的时间要掌握好，时间长了容易破皮，时间不够则汁水不能充分渗透出来。

王少伟

威海抱海大酒店有限公司
主厨

赞词

猪肉包容海胆黄，
褶匀皮薄锁浓汤。
舌尖品出鲜滋味，
丰富厨房吃健康。

（封学美）

富贵花开

申亚亭

荣成石岛宾馆有限公司主厨

主料　荣成海捕对虾 6 只，海参花 20 克，冬瓜块 200 克，枸杞 10 克，菜心 10 克

调料　清汤 500 克，盐 10 克，鸡精 10 克

特点

　　这道菜既保证了名贵食材的原汁原味又体现了北纬 37°浓厚的大海味道。此菜的特点是造型美观、汤味鲜美、健康养生。

制作关键

　　大虾的改刀要均匀一致，海参花的腥味要处理掉。

制作过程

1. 对虾去壳，清洗干净，打上花刀。冬瓜刻成铜钱形状。

2. 对虾汆水，海参花、冬瓜块、菜心汆熟备用。

3. 将对虾、海参花、冬瓜块放入盛器中，淋入清汤，加入盐、鸡精，点缀菜心、枸杞即可。

胶东大虾海带面

主料　海捕大虾适量，面粉 500 克

辅料　菜心 2 个，干小海带 12 克，五花肉丁 16 克

调料　盐适量，味精 1 克，鸡精 4 克，味极鲜 6 克，花生油 18 克，葱 12 克，姜 6 克，蒜 8 克

特点

　　胶东大虾海带面将虾与海带一同烹饪，含有丰富优质的营养物质，对人体的健康有很大的好处。

制作过程

1. 将干小海带泡好，和适量水一起放入料理机中，打成海带糊，备用。

2. 容器中加 5 克盐，加 230 克海带糊，和成面团，醒 5 ~ 10 分钟，擀成面片，切成面条。

3. 虾身去虾线，改刀做成牡丹虾球。

4. 锅内放油，加入五花肉丁炒熟。加入蒜，炒黄后加入葱、姜爆锅，放入虾头，炒出虾油，加入味极鲜，加水煮开。

5. 放入盐、味精、鸡精，加入牡丹虾球氽熟，加入菜心，焯熟，即成面条卤。

6. 另起锅，锅内加水煮开，放入切好的面条，煮熟，过凉。面条盛入碗中，加上面条卤即可。

制作关键

1. 煮面条的火候不宜过大，面条煮好后用凉水过凉，使其筋道有嚼头。

2. 葱、姜、蒜及五花肉丁煸至出香味再加入虾头。炒虾头时要注意火候，需大火把虾油炒出来，这样做出来的虾汤鲜香不会有太大的腥味。

3. 加少许味极鲜烹出香味后再加入清水。

张杰

威海市威海卫大厦主厨

赞词

手擀弹牙卤面鲜，
肉丁海带大虾全。
归来一碗浓情爱，
记住乡愁游子缘。

（封学美）

飞黄腾达

赵伟斌

海天一色酒店厨师

主料　黄鱼 1 条

辅料　大虾适量，粉丝适量，彩椒丝适量

调料　金蒜蓉适量，银蒜蓉适量，蒸鱼豉油适量，花生油适量，葱丝适量

特点

　　造型奇特、美观，蒜香浓郁，味道鲜美。清蒸的做法充分保留了食材的原汁原味，成品老少皆宜。

制作过程

1. 将黄鱼宰杀，治净，改刀。
2. 将大虾去头，片一片，去虾线。
3. 把金、银蒜蓉和粉丝调制成粉丝蒜蓉酱。
4. 黄鱼整齐摆放，上面放上大虾，把粉丝蒜蓉酱放在虾上面稍微腌制一下，放入蒸箱中蒸 8 分钟，上面撒上葱丝和彩椒丝，放蒸鱼豉油，淋热油即可。

制作关键

1. 清蒸前需要简单腌制。虾要去掉虾线。
2. 黄鱼和虾有丰富的蛋白质，清蒸时要严格掌控火候，以防肉质过老。

良友四喜丸子

主料　五莲山黑猪五花肉 700 克

辅料　五莲山蘑菇 30 克，莲藕 30 克，高山娃娃菜 50 克，菜心 50 克，百合 40 克，鸡蛋清 2 个，枸杞少许

调料　花椒水 10 克，绍兴黄酒 10 克，盐 12 克，葱末 10 克，姜末 10 克，胡椒粉少许

宋伟江

山东良友喜事会餐饮管理有限公司行政总厨

创新点

良友四喜丸子在传统做法的基础上以当地的黑猪肉加蘑菇、百合等新鲜时蔬加以改良。四喜丸子因蕴含"福、禄、寿、喜"的意义而倍受推崇，成为喜文化的主要标志，是喜宴桌上的主打菜、压轴菜。

制作过程

1. 将五莲山黑猪五花肉切成大肉丁，再剁成肉末备用。
2. 将五莲山蘑菇、莲藕、百合、菜心用沸水焯一下。蘑菇、莲藕、百合切成细丁。
3. 将肉末、蘑菇丁、莲藕丁、百合丁、葱末、姜末、盐、鸡蛋清、花椒水、胡椒粉、绍兴黄酒混合均匀，以顺时针方向搅拌均匀，用手团成大小相同的丸子生坯。
4. 在大砂锅中加入水烧开，将丸子生坯下锅，覆盖上高山娃娃菜，煮 30 分钟。将丸子捞入容器中，加菜心、枸杞即可。

制作关键

四喜丸子生坯放入锅中煮，水的温度要把控好，不宜过高，否则易导致丸子破裂。

赞词

黑猪散养肉优良，
细制菜蔬添味香。
入口汁浓多色彩，
品尝寄意不平常。

（孙淑静）

蟹黄灌汤狮子头

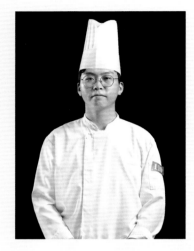

赵士栋

临沂鲁商铂尔曼大酒店行政
副总厨

主料　阳澄湖大闸蟹适量，活明虾适量

辅料　干贝适量，猪肥膘适量，小棠菜心适量

调料　盐适量，胡椒粉适量，花雕酒适量，葱适量，姜适量，金汤适量

创新点

　　这道菜品是在山东孔府名菜干贝绣球狮子头的基础上加入蟹黄创新制作而成的。首先将虾蓉团成球，塞入蟹黄再裹上名贵的干贝松蒸制而成。出锅后勾几勺醇香浓郁的汤汁浇灌上，使成品由内而外散发出干贝松、虾蓉、蟹黄的味道，透露出一种富贵气。成品色泽金黄，入口爆浆，色味俱佳，令人回味无穷，是一道成功的创新鲁菜。

制作过程

1. 将阳澄湖大闸蟹蒸熟，取蟹黄，搓成直径两厘米的球。小棠菜心煮熟。

2. 将活明虾取肉，加入葱、姜、花雕酒、少许盐腌制 30 分钟，冲水。取绞肉机，放入虾肉、猪肥膘、盐、胡椒粉搅拌成泥，放入冰箱中。

3. 取干贝泡水 60 分钟，上笼蒸 10 分钟取出，放凉，搓成细丝。

4. 将混合虾泥团成直径 5 厘米大小的球，塞入蟹黄球，均匀地裹上干贝丝制成绣球状，入蒸车蒸 12 分钟，装入特制的盛器中，浇上金汤，放入煮熟的小棠菜心、枸杞点缀即可。

制作关键

1. 干贝蒸透，搓丝均匀。

2. 虾球裹干贝丝要均匀。

3. 蒸制时间要控制好。

赞词

催破秋香荐蟹黄，
快斟新酒会重阳。
灌汤三味还相觅，
狮子头来挑大梁。

（田爱华）

金鸡送福

马士委

董二炒鸡店厨师长

主料　本地公鸡肉适量，鸡腰适量，猪肚适量，鸡胗适量

辅料　鸡枞菌适量，羊肚菌适量，虫草花适量，油菜适量，枸杞适量，大枣适量

调料　盐适量，胡椒粉适量，鸡精适量，兰陵美酒适量，高汤适量，植物油适量

创新点

　　金鸡送福是养生菌菇鸡汤的一种，其汤汁浓郁，特别鲜美。用本地公鸡制作，其肉质细嫩却略有嚼头，而且加入了兰陵美酒调味，使鸡汤呈现金黄色还飘出淡淡酒香，再搭配鸡枞菌、羊肚菌等菌类食材，营养价值高。

制作过程

1. 把公鸡肉、鸡胗、鸡腰、猪肚洗净，切成块。
2. 把鸡枞菌、羊肚菌、虫草花泡好。
3. 把公鸡块用油煸炒一下。将公鸡肉块、鸡胗块、鸡腰块、猪肚块分别用高汤煨好，依次装入砂锅中，再加入兰陵美酒。
4. 把鸡枞菌、羊肚菌、虫草花焯水，捞出，装入砂锅中。
5. 把枸杞、大枣、油菜、盐、胡椒粉、鸡精加入砂锅中炖 10 分钟即可。

制作关键

1. 根据公鸡的生长时间调整烹饪的时间，烹饪时间并不是越长越好。
2. 注意食材的放入顺序。
3. 公鸡需要煸炒一下再炖不能直接放入砂锅中。

葛根马蹄糕

主料 葛根粉适量，马蹄粉适量
辅料 可可粉适量，炼乳适量
调料 白砂糖适量

颜小丽

陶然居大酒店厨师

创新点

　　葛根马蹄糕在传统九层马蹄糕的基础上，增加了养生食材葛根粉制作而成，巧妙地回避了马蹄糕脆、易碎，有时卖相不好看的缺点。成品更加松软、微甜，层次也更加分明。

制作过程

1. 先将一半葛根粉、马蹄粉放入碗中，加入凉水调制成凉水糊，然后将另一半葛根粉、马蹄粉放入碗中，加入开水，调制成开水糊。

2. 两种糊倒入同一碗中，搅拌匀匀，加入炼乳、白砂糖制成混合糊。可可粉放入碗中，加入温水、白砂糖，调拌均匀，制成可可糊。

3. 将少许混合糊倒入蒸盘中，入蒸车蒸制两分钟，取出，然后在其表面倒入少许可可糊，厚度与混合粉糊相同，入蒸车，蒸两分钟。依次循环，浇糊、蒸制，做成九层糕，放凉，改刀装盘。

制作关键

　　马蹄粉要适量，加入太多，成品太脆，易碎。分层要均匀。

养生黄金糁

刘庆红

陶然居大酒店厨师

主料　面粉 400 克

辅料　冰鲜松露 20 克，冰鲜松茸 200 克，芡实 100 克，黄豆芽 500 克，干松茸 100 克，豆黄金 100 克，灵芝粉少许

调料　盐 20 克，黑胡椒粉 8 克，糁料 5 克，陈醋少许，香油少许，葱末 5 克，姜末 10 克

创新点

　　养生黄金糁改变了传统糁用动物性原料制作这一理念。利用蒙山三大特产之一的灵芝及临沂著名养生食材"豆黄金"，加上其他素的高档食材，做出的成品既具有较高的养生价值，又充满了新时代的生活气息。

制作过程

1. 黄豆芽、干松茸放入凉水锅内，大火烧开，小火煨制两小时，吊成素汤。
2. 冰鲜松茸、冰鲜松露切片，豆黄金切丝，分别焯水。面粉加水调成糊。
3. 锅内加入素汤、糁料、黄豆芽、灵芝粉，烧开后再加入黑胡椒粉、姜末、葱末，小火煨至入味。再加入松茸片、松露片、芡实，烧开后，加入面糊，用水调好浓稠度，放入豆黄金丝、盐。
4. 上桌时外带陈醋、香油即可。

制作关键

1. 加工素汤时制作时长要掌握好，要煮出料的香味。灵芝粉要适量，加多会造成成品发苦。
2. 浓稠度要均匀。

兰陵美酒浸带皮羊肉

主料　蒙山黑山羊带皮羊腿肉 1000 克

辅料　胡萝卜适量，生菜丝适量，芹菜适量

调料　兰陵酒 100 克，盐 20 克，白胡椒 20 克，料酒适量，葱适量，姜适量，香料包（用陈皮、桂皮、花椒、小茴香、白芷、白豆蔻、丁香制成）1 个

搭配材料　红尖椒适量，蒜适量，蘸料适量

创新点

蒙山黑山羊是沂蒙山地区的特产，也是蒙山三宝之一，是羊中之"珍品"。黑山羊肉配以本地特有的兰陵美酒煮制，成品鲜味醇厚，肉质紧密，酒香浓郁，风味别致，营养健康！

制作过程

1. 将带皮羊腿肉改刀成 20 厘米见方的大块，加料酒、葱、姜腌制 3 小时，再汆水，汆水期间注意打去浮沫，冲凉。

2. 起锅加水、兰陵酒、盐、白胡椒、葱、姜、胡萝卜、芹菜、香料包、羊肉块，大火烧开锅，小火煮 25 分钟，关火闷 30 分钟，捞出，压实，放凉，入冰箱。

3. 取出羊肉块切成长 10 厘米，厚度为 0.2 厘米的大片，铺在寿司帘上，皮向里卷成直径 8 厘米左右的肉卷，入蒸车蒸 10 分钟，放凉，入冰箱。

4. 取出卷好的羊肉卷，顶刀切成厚 1 厘米的小卷，装入特制的盛器中，放上生菜丝，

搭配蒜、蘸料、红尖椒上桌即可。

制作关键

1. 羊肉要挑选带皮羊腿肉，且以 6 个月左右的山羊的肉为佳。

2. 切的片长 10 厘米，厚度为 0.2 厘米，摆放好方向。

尹博

临沂鲁商铂尔曼大酒店中厨总厨

赞词

沂水蒙山羊肉鲜，
兰陵美酒濯青莲。
移根到此三千载，
尽佐食材成大缘。

（田爱华）

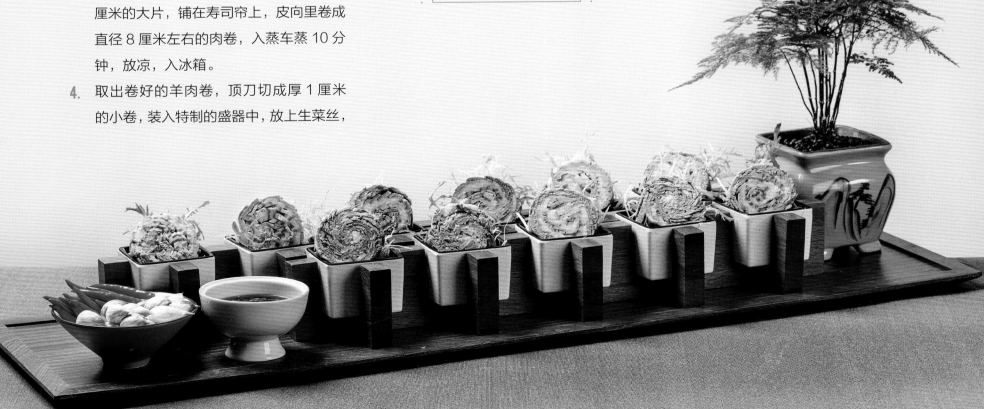

蒙山养生白玉参

刘忠国

山东沂蒙山文化教育发展
有限公司厨师长

主料　河虾仁 20 克，黑猪肉膘 10 克，白萝卜 150 克

辅料　菜心适量，枸杞适量

调料　清汤适量，盐 0.3 克，味精 0.1 克，料酒 0.1 克，胡椒粉 0.1 克

特点

白萝卜在当地有白玉参之称。此菜实行分餐制，健康又卫生。萝卜与虾胶完美结合，一口下去清香爽滑。

制作过程

1. 将白萝卜去皮，切末，焯水。河虾仁治净，和黑猪肉膘搅拌成泥。菜心焯熟。

2. 将萝卜末和混合肉泥拌均匀，做成 50 克左右一个的球，上笼蒸 10 ~ 15 分钟取出。

3. 起锅加入清汤烧开，加入盐、味精、胡椒粉、料酒。

4. 将汤盛入分餐盅内，放入丸子，放入熟菜心、枸杞点缀即可。

制作关键

要使用清汤。

沂蒙花开八大碗

张宝海

沂蒙花开旅游区行政总厨

主料　沂河鲤鱼 1 条，大肠头 250 克，跑山鸡肉 500 克，松菇 125 克，猪肚 250 克，尹家峪豆腐 275 克，山鸡蛋 6 个，野生羊肚菌 350 克，带皮五花肉 300 克

辅料　青椒丝适量，红椒丝适量，干豆角适量，栗子适量，羊肉适量

调料　香菜适量，盐适量，高汤适量，鸡精适量，胡椒粉适量，酱油适量，老抽适量，冰糖适量，蜂蜜适量，淀粉适量

特点

用八个碗装满产自沂蒙的"土"食材，这些食材"八仙过海，各显神通"，把沂蒙的老味道呈现得淋漓尽致，更是体现了沂蒙山老区人民喜迎八方来客的诚挚热情。

制作关键

1. 炸制过程中一定要掌握好油温，不要炸过火。
2. 刀工要精细，摆盘要整齐。
3. 蒸制一定要蒸透，扣碗的时候要扣完整不要影响造型效果。

简要步骤

将各种主料清洗，改刀，搭配各种辅料、各种调料，经炸、焖、烧、蒸、扣等烹饪方式制作而成，最后浇原汁即可。

赞词

泉庄八碗享驰名，
天地精华釜内烹。
满目琳琅呈锦绣，
已将唇舌做交情。
（田爱华）

好客山东沂蒙情，
当地美食当地情，
碗碗美食扣碗中，
尽享美味在其中。
（张宝海）

金胜青花椒烤鱼

孙龙祥

金胜大酒店公园店厨师长

主料　清江鱼 1 条

辅料　洋葱丝适量，豆腐丝适量，板泉大饼适量，白芝麻适量

调料　青线椒圈适量，红线椒圈适量，青花椒适量，秘制酱料适量，高汤适量，鸡精适量，盐适量，花生油适量，脆皮糊适量

特点

这道菜的口味是麻辣鲜香。它搭配当地特色美食板泉大饼，口感鲜明，深受年轻人的喜爱。

制作过程

1. 将清江鱼宰杀干净，改刀，去掉鱼鳍。
2. 将鱼摆入烤盘中，刷脆皮糊，放入烤箱，烤箱温度 350℃，烤制 5 分钟。
3. 洋葱丝、豆腐丝放入盘中垫底，将鱼放入盘中。起锅下入花生油，煸炒秘制酱料，下入鸡精、盐和高汤，倒入盘中。
4. 另起锅烧油，下入青线椒圈、红线椒圈、青花椒煸炒 15 秒倒在鱼身上，撒白芝麻，搭配板泉大饼即可。

制作关键

1. 烤制火候一定掌握好，保证外酥里嫩。
2. 酱料必须炒香。
3. 青线椒圈、红线椒圈和青花椒炒制时间不宜过长。

锅塌鱼

主料 黄花鱼 1 条

辅料 银杏 50 克，鸡蛋黄 2 个

调料 玉米淀粉 40 克，鸡汤 450 克，盐 5 克，酱油 5 克，料酒 10 克，猪大油 8 克，白糖 15 克，植物油适量，姜末适量，蒜末适量

装饰材料 红尖椒圈少许，葱丝少许

解彬春

临沂颐正园酒店管理有限公司厨房副厨师长

特点

    此菜选用渤海黄花鱼，和郯城特产银杏烧制而成。锅塌鱼色香味诱人，口味甜咸，鲜香软嫩，回味悠长。

制作过程

1. 黄花鱼洗净，去鳞。从背部开刀，剔除鱼骨和鱼刺，打十字花刀。

2. 把鸡蛋黄加玉米淀粉，搅拌成糊，均匀地涂抹在鱼腹部上。

3. 炒锅放油，烧至七成热，将鱼炸至定型。

4. 另起锅，锅中放少许油，加白糖炒成糖色。加姜末、蒜末、盐、料酒、猪大油、鸡汤、酱油和银杏，小火烧制，然后装盘，用装饰材料装饰即可。

制作关键

1. 选好料，用的鱼必须是当天捕捞的新鲜鱼，每条约 1000 克。

2. 将剔骨处理好的鱼入锅烹饪时，要掌握好火候，这样才能做成一道色金黄、形扁圆、味香甜、质嫩软的绝味佳肴。

> **赞词**
>
> 一尾黄花对半开，
> 七成油炸入汤来。
> 点睛还撒几银杏，
> 客到兰山不欲回。
> （陈衍亮）

牛蒡扣滑丸

王宇豪

临沂弄椿巷初见餐饮管理
服务有限公司创始人

主料 土猪肉适量，牛蒡末适量，沂蒙山鸡蛋清适量

辅料 香菇适量，蛋皮适量

调料 盐适量，葱末适量，姜末适量，地瓜淀粉适量，清汤适量

创新点

这道菜源于沂蒙传统菜——滑丸子。传统的滑丸子只用肉馅，这道菜又加入了牛蒡，采用了蒸的方式，尽量保留食材的营养物质，配以鸡蛋皮和香菇，使营养更均衡，色彩更丰富。

制作过程

1. 香菇顶上改花刀，煮熟。土猪肉剁成肉末，加入葱末、姜末、牛蒡末、清汤、鸡蛋清调成馅，加盐和地瓜淀粉搅拌均匀。

2. 手挤出丸子，将丸子裹上地瓜淀粉。

3. 蛋皮摆在碗底。

4. 丸子汆至八成熟后捞出，冲凉，倒入清汤，入蒸笼蒸 30 分钟。

5. 将丸子、蛋皮、香菇摆好造型上桌即可。

制作关键

1. 肉末与其他材料充分融合。蒸至肉团膨大至原来的两倍左右即可。

2. 汆丸子的水温控制在 90℃左右，把熟丸子捞入凉水中迅速降温。

主料 牛蒡 500 克

辅料 牛奶 10 克

调料 吉士粉 10 克，香菜段 1 克，白醋 0.2 克，脆炸粉 50 克，白糖 10 克，黑芝麻 0.1 克，盐 0.1 克，植物油适量，姜丝少许

特点

此菜一菜双味，酥脆爽口，老少皆宜。

制作过程

1. 把一半牛蒡洗净，去皮，改刀成 15 厘米长的段，顶刀切成薄片，加入牛奶、少许白糖浸泡 15 分钟。

2. 用吉士粉、脆炸粉和水调成混合糊，加入少许黑芝麻，将牛蒡片拌匀。

3. 起锅烧油，油温四成热时下入牛蒡片，小火浸炸大约 5 分钟，待牛蒡片呈金黄色时捞出。

4. 把另一半牛蒡改刀成 7 厘米左右的段，切成薄片，顶刀切成细丝。

5. 起锅烧油下入姜丝、牛蒡丝，加入剩余的白糖以及白醋、盐、香菜段、剩余的黑芝麻，用筷子翻炒均匀，出锅装盘即可。

制作关键

1. 第一步的牛蒡片要切得薄一点，不能太厚，否则炸不透，吃起来没有脆感。

2. 牛蒡一定要清洗干净，可以减轻中药味，还能防止变色。

3. 油温控制在四到五成，不宜过高。

王依飞

临沂颐正园酒店管理有限公司厨房热菜厨师

赞词

同胞兄弟各分盘，
金片银丝相对看。
此中滋味应何似，
太阳热与月光寒。

（陈衍亮）

风味过桥羊排

刘成军

沂水寰宇大酒店副厨师长

赞词

硬菜端来盆景似，
羊排堆作小山峰。
浓香自引嘉宾到，
愿做峰前一棵松。

（陈衍亮）

主料 羊排适量

辅料 酸菜丝适量，白芝麻适量，果仁适量

调料 盐适量，鸡精适量，料酒适量，大料适量，秘制酱料适量，曲米适量，香葱末适量，花生油适量

搭配材料 秘制酱料适量，花生碎适量，葱花适量，生菜适量

特点

风味独特。

制作过程

1. 羊排改刀，浸泡两小时，泡出血水。

2. 羊排汆水，入卤水桶，加曲米、大料、料酒、盐、鸡精，小火卤制 1 小时。将酸菜丝炸干。

3. 起锅烧油至七成热，将卤制好的羊排炸至外酥里嫩，装盘，抹秘制酱料，撒果仁、白芝麻、香葱末，最后撒酸菜丝。搭配秘制酱料、花生碎、葱花、生菜一起上桌。

制作关键

选用沂蒙山区优质山羊排制作。

绊马石

张万岭

德州市陵城区宾馆行政总厨

主料　猪肚 1 个（约 300 克），笨鸡腿肉 300 克

辅料　面粉适量

调料　白芷 5 克，白豆蔻 5 克，葱 10 克，姜 10 克，盐适量，白醋适量

装饰材料　胡萝卜适量，面包糠适量，瓜块适量，山药适量

赞词

此物原知野土成，
传奇一度识真卿。
而今示以新颜色，
箸下犹闻铁马声。

（刘景涛）

特点

营养价值高。

制作过程

1. 猪肚用面粉、白醋清洗干净，用清水洗净。笨鸡腿肉加葱、姜腌制 20 分钟，然后放入猪肚中。锅中加水、白芷、白豆蔻、盐，放入猪肚，煮 50 分钟。

2. 装盘，用装饰材料做好造型，加以点缀即可。

制作关键

食材选用新鲜的，腌制入味。掌握好煮的火候。

砂锅鲽鱼头

主料 鲽鱼头 1200 克

辅料 香土豆 150 克

酱料 糖桂花 5 克，蜂蜜 10 克，醪糟 10 克，海鲜酱 5 克，排骨酱 5 克，冰糖老抽 5 克，大蒜 100 克，植物油适量，葱花少许

王向宁

宁津印象餐厅厨师长

创新点

　　此菜延续了鲁菜的特点，烹饪技法从红烧、酱烧的技法中演变而来。成菜酱香浓郁，色泽红润，肉质肥嫩，咸香味美，突出了鲁菜的特点。

制作关键

　　材料要新鲜。酱汁要严格按照比例调配。文火焖煮 20 分钟。

制作过程

1. 鲽鱼头改刀处理，剁块。用糖桂花、蜂蜜、醪糟、海鲜酱、排骨酱、冰糖老抽调成酱汁。
2. 砂锅中放油炒制大蒜。
3. 砂锅底部铺上香土豆，放入鱼头。
4. 倒入调制好的酱汁和水。
5. 焖煮 20 分钟，撒上葱花即可。

赞词

水清沙净来人问，

大蒜洋芋佐料勾。

如约砂锅闲作局，

嫩鲜无比此鱼头。

（张传建）

鲁菜传承数千年，

色泽金黄口味鲜。

如今海味入陶中，

仙人寻香四处盼！

（王向宁）

石锅鲽鱼头

信建峰

乐陵市蓝海钧华大酒店行政
主厨

主料	鲽鱼头 1 个（约 1250 克）
垫底料	去皮蒜子 550 克，大葱 150 克，姜片 50 克，炸好的杏鲍菇片（每片 7 厘米 ×4 厘米 ×1 厘米）16 片
酱汁用料	广味源排骨酱 1440 克，广味源海鲜酱 1440 克，醪糟 10 瓶，香糟卤 6 瓶，糖桂花 10 瓶，蜂蜜 6 瓶，致美斋蚝油 6 瓶，鸡粉 2 包（1000 克），味精 100 克，胡椒粉 100 克，鸡精 100 克，料酒 6 瓶，鸡饭老抽 2 瓶，鱼头汁 300 克，啤酒 650 克，葱油 20 克，料酒 50 克，二锅头 10 克
其他材料	植物油适量，二锅头适量，料酒适量，啤酒适量，炸蒜末适量，香菜段适量，香葱末适量

创新点

这道菜选用渤海湾的深海鲽鱼头，配以秘制酱料，使用石锅焗制而成。

制作过程

1. 将酱汁用料用小火熬 30 分钟左右使其略浓稠，取适量酱汁备用，剩余的酱汁可以以后使用。鲽鱼头去鳃，从中间劈开，去黑膜，用 50 ~ 60℃的水略烫，刷洗干净。

2. 将蒜子、姜片炒香，炒至呈金黄色。大葱切段，炸至呈金黄色。

3. 将腌好的鲽鱼头用 80℃热水烫一下，过凉，控净水。

4. 石锅烧热，放入蒜子、姜片再摆入葱段，摆入炸好的杏鲍菇片，将鲽鱼头摆放到上面，烧热，烹二锅头和料酒，加入酱汁，倒入啤酒，大火烧开，不断打去浮沫，中火烧 10 分钟左右，加盖煲制 20 分钟左右，大火收汁。

5. 出锅撒炸蒜末、香菜段、香葱末上桌。

制作关键

1. 鱼头要选用 1250 克左右的，成品胶质较多，口感更佳。

2. 焗石锅时，前 20 分钟需要小火慢焗，烧制过程中要不断将汤汁浇到鱼头上，使其充分入味。

养生八珍甜沫

主料　小米面 500 克，玉米面 300 克

辅料　花生米适量，黄豆适量，豆腐泡适量，豆腐皮丝适量，海带丝适量，水晶粉适量，八珍料（由海参、鲍鱼、八爪鱼、鲜贝肉、牛肉片、羊肉片、鸡肉丝、猪里脊丝组成）适量

调料　盐 15 克，胡椒粉 50 克，姜黄粉 50 克，葱花适量，姜末适量，植物油适量，山泉水适量

创新点

甜沫村的甜沫是在继承老济南风味的基础上，为满足当代人的需求，加入了海参、鲍鱼、牛肉、羊肉等材料制作而成的，这些材料让甜沫口味更富有层次感，营养更丰富。

制作过程

1. 锅中烧水，把八珍料提前加工至熟备用。

2. 另起锅把花生米、黄豆煮熟。一定要煮透，这样才会越嚼越香。随后加入豆腐泡、豆腐皮丝、海带丝，并用盐调味。

3. 将小米面、玉米面、胡椒粉、姜黄粉用山泉水稀释成面糊。

4. 把调好的面糊倒入锅中，加热，轻轻搅动，防止煳锅，放入水晶粉。

5. 另起锅烧油，将葱花、姜末炸至呈金黄色，注意不要炸煳。倒入面糊锅中轻轻搅动，用小火熬制 30 分钟以上。把八珍料改刀，分别放入熬好的甜沫中即可。

制作关键

要用山泉水小火慢熬 30 分钟以上，保证口感细腻香滑。

谈家瑞

大厨当家餐饮公司甜沫村行政总厨

赞词

沫甜甜沫费沉吟，
晓破浮摊几度寻。
今日和羹登大雅，
粥心一碗胜千金。
（刘景涛）

秋始五谷正丰登，
田家农舍向阳红。
捧上八珍甜沫粥，
更尽一杯踏锦程。
（谈家瑞）

木糖醇养颜桃凝

李月江

德州市平原县东海天下酒店
行政总厨

主料　德州产桃凝适量

辅料　德州产木糖醇适量，德州金丝小枣适量，银耳适量，枸杞少许

特点

清甜，枣香浓郁。

创新点

桃凝，即桃胶，又名桃花泪。以桃胶入菜，有安神益智、美容养颜之功效。以木糖醇调味，使菜品增甜不加糖，血糖高的人士亦可享用。

制作过程

1. 将桃凝泡水 24 小时，小枣泡水 12 小时，捞出。

2. 银耳和小枣加水煮沸，小火熬制 1 小时，取汤汁。

3. 在银耳汤汁中加入木糖醇、泡好的桃凝，煮 5 分钟，用枸杞点缀即可。

制作关键

1. 桃凝要充分泡透，使其回软且无硬心。

2. 熬制银耳汁时切忌用大火，否则会粘底。

3. 木糖醇可根据喜欢的甜度逐量增加。

茌平花糕：招财进宝

主料　面粉适量

辅料　大红枣适量，老面头适量，各色果蔬汁适量

特点

这款花糕是借助中国吉祥文化创意制作的艺术型食品。采用面塑技艺使花糕更具观赏性和内涵。

制作过程

1. 将面粉加入老面头和水，发酵。
2. 红枣洗净煮熟待用。
3. 根据造型要求将发酵的面分成若干小份。加入各色果蔬汁，和出彩面团，醒发好。
4. 根据花糕创意要求进行制作。
5. 上笼蒸熟即可。

制作关键

1. 掌握不同造型醒发时间的长短，保证出品美观性。
2. 揉面手法要到位，面要发光、发亮。
3. 果蔬汁要新鲜，保证成品呈现正色。

马玲玲

小蕾花糕作坊面点师

赞词

精心点缀层层起，
生活犹如节节高。
好运当头吉祥兆，
枣花上座赶时髦。

（孙淑静）

茌平花糕：财源广进

马玲玲

小蕾花糕作坊面点师

赞词

绿色天然花上案，
慧心巧手画来裁。
美妙无双春常在，
广进财源五福来。
（孙淑静）
初二拜年回娘家，
头戴红花身背娃。
家母不嫌节礼薄，
压块花糕盼女发。
（马玲玲）

主料　面粉适量

辅料　大红枣适量，老面头适量，各色果蔬汁适量

特点

这款花糕是借助中国吉祥文化创意制作的艺术型食品。采用面塑技艺使花糕更具观赏性和内涵。

制作过程

1. 将面粉加入老面头和水，发酵。
2. 红枣洗净煮熟待用。
3. 根据造型要求将发酵的面分成若干小份。加入各色果蔬汁，和出彩面团，醒发好。
4. 根据花糕创意要求进行制作。
5. 上笼蒸熟即可。

制作关键

1. 掌握不同造型醒发时间的长短，保证出品美观性。
2. 揉面手法要到位，面要发光、发亮。
3. 果蔬汁要新鲜，保证成品呈现正色。

茌平吉祥如意枣花卷

主料 面粉适量

辅料 红枣适量，老面头适量，各色果蔬汁适量

马玲玲

小蕾花糕作坊面点师

创新点

枣花卷，是鲁西过春节必备的白面食品。它既是自家过年的高档食品，又是走亲访友的礼品，花样多多，香甜可口，深受人们的喜爱。

制作过程

1. 将面粉加入老面头和水，发酵。

2. 红枣洗净煮熟待用。

3. 根据造型要求，将发酵的面分成若干小份，分别加入各色果蔬汁，和出彩面团，醒发好。

4. 取 100 克面团用擀面杖擀成牛舌状，取 6 颗枣，在面片上对称摆三排，做好造型。

5. 上笼蒸熟即可。

制作关键

1. 掌握好不同造型的醒发时间，保证出品的美观性。

2. 揉面手法到位，面要发光、发亮。

3. 果蔬汁要新鲜，保证成品呈现正色。

赞词

菜蔬和面汁为材，

甜枣入怀花朵开。

进宝招财多美好，

健康生活乐悠哉。

（孙淑静）

功夫鱼

田维宾

聊城茌平区李健夹夹福饺子
城厨务总监

主料　鲤鱼 1 条（约 1500 克）

调料　大料 75 克，蚝油 100 克，味达美酱油 50 克，陈醋 50 克，盐 10 克，味精 20 克，鸡粉 20 克，白糖 20 克，尖椒 30 克，香菜 30 克，菜籽油适量，葱花少许

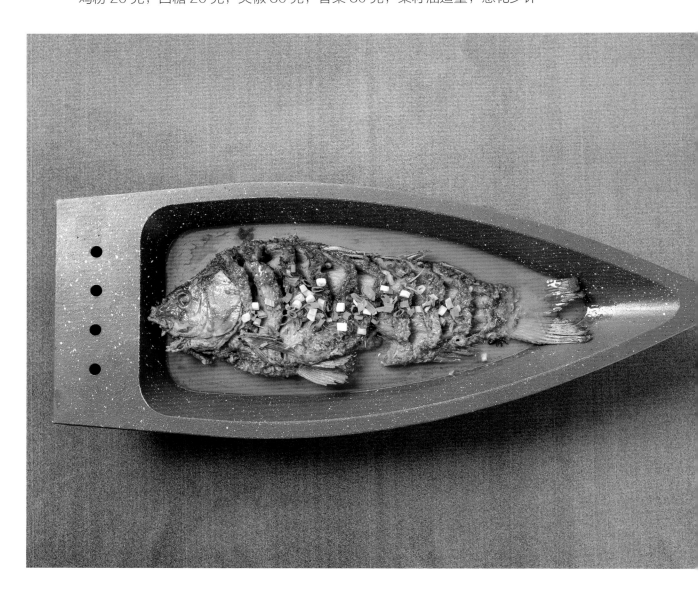

创新点

鱼的做法有很多种，蒸炒烹炸，各有滋味，而这道功夫鱼却与众不同，别有风味，因其制作颇为费时费力而得名。

制作过程

1. 鲤鱼洗净改刀，入油锅炸至呈金黄色，捞出。
2. 锅内下入菜籽油，把大料炒香，下入蚝油、味达美酱油、陈醋、盐、味精、鸡粉、白糖、尖椒、香菜，放入水，放入炸好的鱼，小火慢炖 4 小时，收汁装盘，撒入葱花就可以了。

制作关键

炸鲤鱼一定用竹篦子包裹，保证鱼的完整性。一定小火慢炖 4 小时，使鱼肉、鱼骨酥烂。

古法酱猪蹄

杨震

聊城在平区李健夹夹福饺子
城厨务总监

主料 猪蹄 750 克

辅料 生菜叶 50 克

调料 老汤 2000 克，大料 100 克，蚝油 100 克，生抽 80 克，老抽 50 克，味精 20 克，
鸡粉 20 克，冰糖 30 克，植物油适量

特点

古法卤制，外形完整，离骨酥烂。热吃，
口感滑嫩，肥而不腻；凉食，胶质软韧，余味
悠长。

制作过程

1. 猪蹄洗净，入沸水氽水，捞出洗净，入
   油锅炸至皮紧，捞出控油，入凉水冲水 5
   小时。

2. 锅中加入老汤,加入其他调料卤制 2 小时，
   关火闷 12 小时，捞出，切成块。盘子上
   放生菜叶，再放上猪蹄块即可。

制作关键

猪蹄一定要处理干净。卤熟之后浸泡 12
小时，这样做出的猪蹄软烂入味。

赞词

入锅红曲料汤鲜，
文火慢煨香惹涎。
十多小时闷软烂，
浓汁美味解心馋。

（孙淑静）

猪手美味诱四方，
色亮更耐细品尝。
古法更是滋中味，
百家宴里第一香。

（杨震）

黑金虾仁

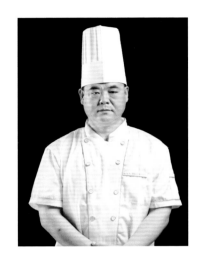

亢德坤

御宾楼酒店厨师长

主料　黑虎虾适量

辅料　蟹黄 20 克，黑米 50 克，鸡蛋清半个，水果片适量

调料　黄酒 5 克，胡椒粉 5 克，盐 10 克，淀粉 5 克，蟹黄酱 20 克，海胆酱 15 克，蟹黄 10 克

创新点

　　黑金虾仁这一菜品，在制作过程中全程不放一滴油、一粒糖，最大程度保持食材的原汁原味，符合当代人的养生需求。

制作过程

1. 把黑虎虾去头、去皮，保留整个虾仁，从虾仁背部片开，剔除虾线。黑米炒熟。
2. 把虾仁清洗干净，放入黄酒、胡椒粉、盐、鸡蛋清、淀粉、蟹黄酱、海胆酱，腌制。
3. 锅内加入清水后烧开，将虾仁汆烫至定型，用清水冲洗虾仁表面浮沫。
4. 用水果片简单摆盘，放上虾仁，将黑米均匀放在虾仁上面，点缀蟹黄即可。

制作关键

　　虾仁保持形态完整。底口不宜太重。汆烫至断生即可。

于家馓子

主料　优质面粉 500 克

调料　盐 15 克，淀粉适量，植物油适量

搭配材料（选用）　辣椒面适量，白糖适量，鸡蛋汤 1 碗

于开华

茌平于家馓子铺经理

创新点

　　茌平于家馓子色泽金黄，发泡薄如蝉翼，可做到整把馓子都是薄泡，入口即化。此面点用鲁西北优质面粉，使用独家技艺制作而成，是养生进补的佳品。

制作过程

1. 向面粉中加入 280 克饮用水及盐，充分混合，和成面团，醒发。
2. 配合淀粉将面团抻成细条状，放入油中醒发。
3. 抻长、醒发好的面条放入油锅中炸制，运用独特手法，编成独特形状。
4. 可以搭配选用材料一起食用。

制作关键

　　面条醒发需用熟油。炸制时需用高油温，使其瞬间成型。

赞词

面团揉入黑芝麻，
搓作长条炸作花。
看似寻常谁得解，
好滋味在老于家。
（陈衍亮）
扣摔揉捶功夫深，
纤手搓来玉色匀。
碧油煎出嫩黄深，
油咸香酥嘎嘣脆。
（曹娜）

乡村炒乳鸽

万丽明

富豪大酒店菜品总监

主料　乳鸽 2 只

调料　香菜段适量，味达美酱油适量，老抽适量，味精适量，鸡精适量，白糖适量，植物油适量，八角适量，花椒适量，白芷适量，葱花适量，蒜片适量，干辣椒适量，盐 18 克，浓汤 1000 克

创新点

　　此菜选用农家当年五谷喂养的鸽子制作，搭配绿色香菜，使食客非常有食欲。它是一道很好的下酒菜。

制作过程

1. 将乳鸽清理干净，剁成手指头大小的块。
2. 炒锅下油烧热，放入八角、花椒、白芷、葱花、蒜片、干辣椒炒香，下入剁好的乳鸽块，煸炒至皮紧。
3. 放入味达美酱油、老抽，加浓汤，放入盐、味精、鸡精、白糖小火烧制 6～7 分钟，汤汁浓时加入香菜段，翻炒出锅装盘即可。

制作关键

1. 选用新鲜乳鸽 2 只，剁的块的大小要均匀。
2. 各种香料炒出香味，加入乳鸽煸至皮紧，这样乳鸽能更好地入味、上色。

水煎鲫鱼

主料　活鲫鱼（每条约 300 克）3 条

辅料　面粉 30 克

调料　香醋 80 克，酱油 20 克，盐 5 克，鸡精 3 克，料酒 15 克，胡椒粉 2 克，花椒 10 克，香油 10 克，葱 20 克，姜 10 克，蒜末 30 克，香菜末 10 克，植物油适量

装饰材料　黄瓜片适量

王春光

山东新美达科技材料有限公司厨师

赞词

六两活鱼除内黑，
花刀深切味来腌。
裹稍面粉金黄色，
煎水浓收醉舌尖。
（孙淑静）

创新点

　　本菜选用本地湖区特产鲫鱼，以本地传统水煎方式烹制而成。水煎区别于传统的油煎方式，能保持鲫鱼本身鲜、嫩的特点，更能尽量避免鲫鱼的营养物质流失。

制作过程

1. 把活鲫鱼清理干净，两面打花刀，用少许盐和花椒、葱、姜、料酒腌制 20 分钟。

2. 腌制好的鲫鱼拍面粉，下油锅煎至金黄，捞出。

3. 下少许蒜末爆香，随后烹香醋，加入适量水，放入剩余的盐和鸡精、酱油、胡椒粉。

4. 待汤汁燴至浓稠，加入剩余的蒜末，并淋入香油，出锅撒香菜末，用黄瓜片装饰即可。

制作关键

1. 选用麻大湖天然活鲫鱼。

2. 宰杀干净，去除黑膜。

3. 需提前腌制入味。

4. 先用六成油温煎制，能保持鱼皮完整。

金汤核桃肉

吴岩波

山东省滨州市中裕餐饮管理
有限公司餐饮技术部主任

赞词

滨州美味济南出，
里脊核桃似点酥。
秘制金汤蒸入味，
传承硕果技脱俗。
精盐料酒葱姜水，
过水调汁赛御厨。
肉质如膏唯细嫩，
汤醇至厚缀珍珠。

（桂园）

主料　元宝肉 300 克，火腿 50 克

辅料　枸杞 3 克，菜心 100 克，金瓜泥 100 克，鸡蛋 50 克，胡萝卜片适量

调料　盐 18 克，浓汤 1000 克，生粉 30 克，白糖 5 克，料酒 50 克，葱 20 克，姜 15 克，葱姜水少许

创新点

　　金汤核桃肉借鉴了传统老济南名菜——奶汤核桃肉的技法。在传统制作技艺的基础上进行创新——汤汁中加入金瓜，使成品色泽金黄，口感软糯醇厚，也能给汤汁增添一丝鲜甜之味。名为核桃肉，却没有核桃。将肉用独特的刀工加上特有的烹调方式制作而成，做出的成品肉形似核桃，肉质细嫩，汤醇味厚，浓香滑嫩。

制作过程

1. 元宝肉片成厚度为 2 厘米的片，再斜刀双面切十字花刀，再切成 2.5 厘米见方的小块，冲尽血污。生粉用水调成糊。菜心烫熟。

2. 将肉块攥干水，加入少许盐和料酒、葱姜水腌制。

3. 起锅烧水，水烧开后下入腌制好的肉块，滑熟捞出，放入汤碗中，加入大部分浓汤以及鸡蛋、葱、姜，上笼蒸制 2 小时。

4. 将剩余的浓汤加入剩余的盐和白糖调味，放入金瓜泥调色，用生粉勾芡，将蒸好的肉片放入用菜心垫底的容器中，放入枸杞、胡萝卜片点缀即可。

制作关键

1. 使用精选的元宝肉制作。

2. 自制优质浓汤需熬制 8 小时以上。

养生菜

陈彬

山东双量酒店管理有限公司
腾达祥晖酒店厨师长

主料	有机黄豆 350 克，有机花生 150 克
辅料	小油菜 200 克，茼蒿 100 克，枸杞 10 粒
调料	盐 3 克，家乐自然鸡汤粉 5 克，二汤 300 克，味精 5 克，花椒油 5 克，炸葱花 30 克

创新点

　　这道菜因为加入了花生碎，香味更加完美。花生碎加上各种青菜，使这道菜口感层次更加丰富，营养美味。

制作关键

1. 花生、黄豆要充分泡透，打碎。
2. 花生碎、黄豆碎一定要蒸熟。

制作过程

1. 将黄豆、花生加入纯净水，充分泡透。
2. 小油菜、茼蒿洗净，切碎。
3. 将泡透的花生、黄豆用料理机打碎，放入蒸屉中蒸 50 分钟至熟。
4. 锅中加入二汤和盐、鸡汤粉、味精烧开，下入黄豆碎、花生碎、青菜碎烧透，淋上花椒油出锅，撒上炸葱花即可。

赞词

水谷精微气味和，
花生大豆不华奢。
杂粮果菜充精气，
泡炒蒸煨各自得。
秘制高汤出造化，
珍奇辅料载酬歌。
咸宜老少原生态，
养性天然志道合。

（桂园）

妙笔生花

吕忠显

菏泽五福饮食有限公司
研发部经理

主料 黄河鲤鱼 500 克，鱼蓉 100 克

辅料 鲜芦笋 300 克，南瓜泥 20 克，铁棍山药泥 150 克，竹荪段 30 克，牡丹花蕊 15 克

调料 料酒 20 克，生粉 150 克，吉士粉 30 克，老鸡汤 150 克，盐 20 克，味精 15 克，炼乳 20 克，牡丹油 60 克，番茄酱 50 克，橙汁 50 克，白糖 120 克，白醋 80 克，葱 15 克，姜 10 克，植物油适量

食雕材料 金瓜 1500 克，胡萝卜 200 克，莴苣 150 克，冬瓜 300 克，青萝卜 300 克

创新点

妙笔生花，独具匠心，意境高远，寓意文采斐然。这道美食色香味俱佳，表达了人们对知识的向往。

制作过程

1. 将鱼处理干净，从背部一分为二，剔骨去皮，片成鱼片。南瓜泥做成金汤。

2. 取鱼蓉放入竹荪段中，穿入芦笋制作成毛笔的形状，氽熟放入笔筒，浇入金汤。

3. 把山药泥加入白糖、炼乳，搅拌均匀。鱼片敲打成薄片，剪成花瓣形状。

4. 锅内烧油至五六成热，下入鱼片，炸至呈金黄色。以山药泥做成牡丹花底座，鱼片和花蕊摆成牡丹花状。

5. 起锅烧油放入其他的调料做成汁浇在花上。用各种食雕材料雕好造型做装饰。

制作关键

1. 将鱼剔骨去皮，片成鱼片，敲打成花片状后修剪成牡丹花瓣状。

2. 摆盘后要整体成型，造型协调。

飞燕全鱼
戏牡丹

韩海生

鸿尧餐饮有限公司厨师长

主料　鲤鱼 2 条

辅料　黑鱼片 10 片，腊肠 200 克

调料　番茄酱适量，橙汁适量，白醋适量，白糖适量，淀粉少许，植物油适量

装饰材料　百合片适量，黄瓜片适量，胡萝卜造型 1 个，樱桃 1 个

创新点

外酥里嫩，香甜可口。

制作过程

1. 先把鲤鱼处理干净，从背部开刀取出中间的鱼骨，改刀成燕子的形状，拍淀粉。

2. 锅入油，在油温七成热时将鲤鱼炸至呈金黄色捞出。

3. 黑鱼片拍淀粉，炸至呈金黄色。把炸制好的黑鱼片制作成牡丹造型。把腊肠切片铺入盘底。

4. 锅中留底油，下入番茄酱，加白醋、白糖熬制成汁，浇在牡丹花瓣上。

5. 净锅中放入油，加入橙汁、白醋、白糖熬制成汁浇在鱼上，装盘后用装饰材料装饰即可。

制作关键

刀工要细腻。用料要考究。

一品青莲

胡美华

菏泽五福饮食有限公司中央
厨房首席面点师

赞词

俗雅淡浓叠聚亲，
同流仍保圣洁身。
不求名利唯求品，
愿做青莲莫染尘。
（李乃润）

主料　　面粉 500 克

辅料　　火龙果汁 160 克，猪油 190 克，莲
蓉馅 64 克，藕粉 20 克

调料　　大豆油 300 克

装饰材料　　食用凝胶适量

制作过程

1. 将少许面粉和少许猪油混合，搅拌均匀，制成油酥。

2. 将剩余的面粉、剩余的猪油、藕粉及火龙果汁揉成面团。

3. 和好的面团醒 30 分钟后，擀开，包入油酥。

4. 擀成长方形的面片，折三次，再擀开，折四次，放入冰箱冷冻 10 分钟。

5. 擀成厚度约四个硬币的长方形面片，用圆型模具把面片分割成小圆片。每个面片包入少许莲蓉馅，全部做好。放入冰箱冷冻 30 分钟。

6. 将冷冻的莲蓉馅面团用刀片划出花瓣，做成花坯。

7. 起锅烧油，油温至 140℃ 时，放入花坯，边浇热油边用细签分开花瓣，炸成盛开的荷花状。将食用凝胶放在盘中，将面点放在蒸笼纸上再装盘即可。

创新点

一品青莲这道美食面点，宛如一幅泼墨山水画，清新淡雅而妙趣横生。

制作关键

将面粉和猪油及火龙果汁揉成面团，多次摔揉，充分融合，再醒 30 分钟，否则炸出的花瓣会断裂。

南华登仙

主料　鲁西南小黑牛肉 1000 克

辅料　梨 300 克

调料　自制酱料 300 克，植物油适量，陈皮末 30 克，红酒适量，冰糖适量

装饰材料　花瓣少许，绿豆少许，绿叶菜少许，树叶少许

张诚

庄周宴行政总厨

创新点

　　此菜因陈皮牛肉形似南华山，梨形似登云桥而得名。精选牛肋腹肉和上等陈皮烧制，搭配红酒煨制的梨，营养互补，精致可口，造型美观，美味典雅。

制作过程

1. 牛肉切大块，梨切小块。

2. 牛肉块上笼蒸 2 小时至熟。

3. 锅中放入梨块，放水、红酒、冰糖，烧开，用小火再烧 10 分钟。

4. 起锅烧油，油温至八成热时，下入牛肉块，炸至外硬里嫩捞出。

5. 另起锅放入水和自制酱料、陈皮末，熬至黏稠时，倒入牛肉块再稍微烧制 2 分钟左右即可装盘。

6. 装盘时，牛肉块上撒上鲜陈皮末（分量外），旁边点缀上梨块和装饰材料即可。

制作关键

　　陈皮必须要鲜的。牛肉必须熟烂。酱汁口味要适中，符合大多数人口味。

赞词

庄周道妙咀英华，

缥缈太丹犹可嘉。

入口方知厨幻艺，

不通要术亦仙家。

（李乃润）

清香花蕊
白牡丹

刘双建

菏泽银座颐庭华美达酒店
厨师长

主料　草鱼适量

辅料　鸡蛋清适量，枸杞适量，老母鸡适量，牡丹花蕊适量

调料　盐适量，味精适量，香料适量，香菜叶适量

创新点

我们把鱼肉做成白牡丹，用牡丹花蕊做汤，搭配起来清香可口。成品洁白无瑕。

制作过程

1. 把草鱼宰杀治净，取精肉，切成丝冲水 1 小时，挤干水。

2. 把冲好的鱼肉丝放入破壁机中，加入蛋清、盐、味精、香料，打成蓉。鱼蓉放入密漏中过滤一遍，放入裱花袋中，挤成白牡丹花的形状。

3. 老母鸡冲水 1 小时。吊汤桶中加入清水，放入老母鸡，再加入少许牡丹花蕊，小火熬制 3 小时后制成清汤。

4. 把制作好的鱼蓉白牡丹放入清汤中，蒸熟，放入牡丹花蕊和香菜叶、枸杞即可。

制作关键

1. 选用活鱼制作。

2. 必须用密漏对鱼蓉进行过滤，保证成品细腻嫩滑。

3. 汤必须选用老母鸡吊制的清汤，才能做到汤清澈见底，味道鲜美。

牡丹金汤虾球

胡建勋

山东郓城水浒酒业有限公司
厨师长

主料 鲜虾仁适量

辅料 鸡脯肉适量，肥肉膘适量，蛋清适量，牡丹花蕊茶适量，牡丹花瓣丝适量，牡丹糕适量，菜心适量

调料 牡丹油适量，自制金汤适量，盐适量，味精适量，鸡精适量，胡椒粉适量，淀粉适量，葱姜汁适量

创新点

此菜选用新鲜虾仁，配上鸡脯肉和肥肉膘制作而成。肥肉膘可起到增香的作用。菜中有牡丹花蕊茶、牡丹油和牡丹花瓣，既体现了菜品的创新，又充分体现牡丹产品的优势。此菜颜色新鲜，搭配合理，营养全面，入口有淡淡的牡丹花香味。

制作过程

1. 把虾仁、鸡脯肉、肥肉膘、葱姜汁、蛋清放入料理机中，打成泥，加淀粉拌匀备用。
2. 把混合虾泥做成乒乓球大小的球，入水汆熟捞出，放入盛器内。菜心煮熟。
3. 锅内放入花蕊茶、金汤、盐、味精、鸡精、胡椒粉，勾芡，放入牡丹油，倒入盛器内，再配上牡丹花瓣丝、菜心点缀，再摆上牡丹糕即可。

制作关键

1. 制料时注意虾仁的上劲程度，淀粉不要过多。
2. 汆制时，虾球下水 1 分钟左右即可成熟，时间不要过长或过短。

赞词

富贵贫寒两任由，
尊卑荣辱自风流。
粉身碎瓣成佳味，
甘与蟹虾共一裘。

（李乃润）

红烧肉鲍罗汉

王昊

单县单州大饭店有限公司
厨师

主料   五花肉块 1500 克

辅料   鲍鱼 500 克，罗汉参 300 克，油菜墩适量

调料   自制料汁适量，葱花少许，植物油适量

特点

营养丰富，造型美观。

制作过程

1. 五花肉块过油，摆放在砂锅中，上铺鲍鱼和罗汉参，加入调制好的料汁、水，慢炖，收汁。

2. 将油菜墩焯熟，摆放在菜品旁边，撒葱花装饰即可。

制作关键

慢火煨制 1.5 小时，肉达到软烂的程度即可。

主料　面粉 350 克

辅料　莲蓉馅 90 克，黄桃丁 20 克，奶粉 20 克，甜菜根汁 50 克，可可粉 25 克

调料　绵白糖 5 克，酵母 3 克，澄面 30 克

创新点

　　"平平安安"甜而不腻，香糯可口。厨师将美好寓意和祝福融进面点中。它是手中揉出的文化，舌尖品出的温度。

制作过程

1. 将酵母、奶粉、绵白糖拌均匀，倒入水中搅拌至化开，做成料汁。

2. 将料汁倒入部分面粉中，揉成光滑面团，醒发 15 分钟。

3. 将面团切成小剂，擀成面皮，分别包入少许莲蓉馅，分别团成苹果状，醒发 30 分钟，蒸熟。

4. 将可可粉、澄面加入剩余面粉中，加水，揉成细长条，蒸两分钟，做成苹果梗，分别放入苹果底部。

5. 将全部苹果造型做好，蒸 5 分钟。

6. 将成型的面果刷上甜菜根汁，成型装盘。

制作关键

1. 材料揉成光滑面团，醒发 15 分钟。

2. 包入馅心制成苹果形状，醒发 30 分钟。

平平安安

赞词

中华饮食源流长，
山东面点历千年。
五福面果造型美，
寓意美好真情见。
型美尽显智慧高，
味道适口乡愁燃。
长寿富贵更康宁，
好德人和永流传。

（冯殿卿）

五福美食送安康，
面果圆满呈吉祥。
软糯香甜恰可口，
匠心妙手寓意强。

（胡美华）

胡美华

菏泽五福饮食有限公司中央厨房首席面点师

满城尽带黄金甲

于宾

菏泽五福饮食有限公司中央
厨房行政总厨

赞词

黄河故道大鲤鱼，
剔骨去皮打成泥。
各种佐料调和好，
余作鱼丸味美极。
黄金鸡汤浮金菊，
汤鲜鱼香实珍奇。
满城尽带黄金甲，
鲁菜传承堪第一。

（冯殿卿）

主料　鲤鱼肉 500 克

辅料　蛋清 3 个，菊花瓣 15 克，枸杞 5 克，藕粉 40 克

调料　料酒 20 克，味精 3 克，牡丹油 60 克，胡椒粉 2 克，盐 20 克，葱 10 克，姜 10 克，
鸡汤适量

创新点

　　一碗好汤，足以慰风尘。这碗黄金鸡汤，用大锅熬制，各种营养融汇其中。鸡汤的香味与鱼丸的香味相辅相成，鱼丸的筋道、柔韧、顺滑与鸡汤的香巧妙地融合在一起。

制作过程

1. 将鲤鱼肉剁成鱼蓉，放入蛋清、料酒、味精、牡丹油，手动搅拌至上劲。
2. 将鱼蓉制成丸状。锅内烧开水，把鱼丸生坯下入锅中汆成熟。
3. 另起锅加入鸡汤，加入葱、姜、胡椒粉、盐、藕粉烧开，放入鱼丸。
4. 把鱼丸与汤放入盛器，撒上菊花瓣、枸杞点缀即可。

制作关键

1. 鲤鱼肉加工处理时一定要将刺处理干净。
2. 将鱼蓉搅打至上劲，做成的鱼丸生坯放入凉水能自然漂浮为佳。

新派酸汤敲虾鱼片

主料 明虾 10 只，黑鱼片 250 克

辅料 上海青 50 克，金针菇 50 克，翅丝 30 克

调料 植物油适量，青小米椒圈适量，红线椒圈适量，葱适量，姜适量，盐适量，味精适量，鸡粉适量，高汤适量，酸汤酱适量，鸡汁适量，胡椒粉适量，淀粉适量，青鲜花椒适量

创新点

色泽金黄，酸辣适口，营养丰富。

制作过程

1. 明虾去头，留尾，去壳，去除虾线，用葱、姜、盐、味精、鸡粉、胡椒粉腌制。虾背上拍上干淀粉，用木棍敲成片，下入开水中汆熟。

2. 净锅内加水烧开，先把金针菇烫熟垫入容器底，再把粉丝烫熟放在金针菇上，把上海青烫熟，摆在容器边上。

3. 油锅内放入葱、姜爆锅，加入高汤、酸汤酱、鸡汁、味精、胡椒粉调味，把汆好的虾片放入锅中煮入味，捞出摆入容器中。锅中再加入黑鱼片，煮熟后装入容器中。

4. 容器中放入青小米椒圈、红线椒圈、青鲜花椒。起锅把油烧至八成热，淋在上面即可。

制作关键

汆制虾片前，拍粉后要用木棍轻轻敲打，使虾片变薄变大，肉更有弹性。

赞词

新识艺技打砸虾，
探看敲金似锦花。
古郓遗俗今宛在，
食精脍细百千家。
葱姜爆炒妙香聚，
过水黑鱼软嫩佳。
点缀三椒添色味，
香飘四海有隆夸。

（桂园）

梁军伟

杨庄集镇唐店新村宴宾楼
厨师长

鸿运当头

付建

飞粮酒店单父酒楼创始人

主料 鲁西南鲜猪头 1 个

调料 海鲜酱 100 克，排骨酱 100 克，桂花唥汁 30 克，海天生抽 40 克，冰糖 1 克，干辣椒段 40 克，老葱 1 棵，老姜 1 块，香辛料 1 包，甜面酱 150 克，大葱段 20 克，鲜蒜 8 瓣，植物油适量，麦芽糖适量，老抽适量

搭配材料（选用） 嫩黄瓜条 8 个，生菜适量

特点

整个上桌，大气红润，软烂可口，肥而不腻。它无需改刀，深得食客喜爱，有明显的地方口味特色，是单县弘扬菜品文化，打造城市新名片的典型范例。

制作过程

1. 把鲜猪头从中间劈开，一分为二，用喷枪将表层皮烧成焦糊状，放入清水中，刮洗干净。

2. 将刮好的猪头放入凉水锅中，烧开，撇净浮沫，煮 20 分钟，捞出抹上用温水稀释的麦芽糖。锅内加油烧至七成热，放入猪头，炸至呈枣红色，捞出。

3. 净锅放入海鲜酱、排骨酱、桂花唥汁、冰糖、老抽、老葱、老姜、香辛料包，加适量水，放入炸好的猪头小火焖制 8 小时。

4. 开餐时将两部分猪头分别盛入一个盘中，捞至垫有生菜的大盘中配鲜蒜、嫩黄瓜条、甜面酱、大葱段即可。

制作关键

要使用新鲜的食材。

黑大蒜焖肘子

肖存雷

肖家熟食创始人

主料 肘子 1 个（约 1200 克）

调料 白糖 20 克，一品鲜酱油 1 勺，黄酱 1 勺，秘制料包 1 个，黑大蒜适量，料酒 15 克，生姜 1 块，麦芽糖适量，植物油适量，老汤适量

特点

酱焖肘子是一款老少皆宜的美食，营养丰富，口感软糯，肥而不腻。肘子加麦芽糖经油炸后色泽更加鲜亮，小火焖煮使肘子口感更加丰富。

制作过程

1. 将肘子的毛处理干净，凉水下锅，汆水。
2. 汆水后将肘子均匀地抹上麦芽糖，放入油锅中炸至呈金黄色。
3. 净锅放油将黄酱炒熟，放入老汤、料酒、白糖、一品鲜酱油、炸好的肘子及秘制料包。
4. 加入黑大蒜、生姜，大火烧开转小火焖 2.5 小时，关火后浸泡 3 小时即可出锅。

制作关键

秘制酱料焖肘子，肉质软烂适口，肥而不腻，因此制作这道菜火候是关键。

赞词

几点乌囤一肘熬，
三杯白酒半帘蒿。
清茶浊酒乡音贵，
旧雨相逢湿袖袍。

（张传建）

火焰战斧牛排

李海义

鲁西肥牛（重庆）餐饮管理
有限公司主厨

赞词

青山绿水雪花牛，
焦味欧芹片片舟。
迷迭古今新炙烤，
相思自在观澜楼。

（张传建）

主料　山东鲁西黄牛战斧牛排适量

调料　蒙特利适量，迷迭香适量，黑胡椒碎适量，海盐适量，酱香白酒适量，欧芹汁适量

装饰材料　玉米适量，圣女果适量，土豆适量，花朵适量，西红柿适量，迷迭香适量

创新点

山东的食材融合国际化的烹饪方式，做出的成品独具风味。成品用酱酒提香，外焦里嫩，特色鲜明。

制作过程

1. 将鲁西牛肉战斧牛排排酸，淋上欧芹汁，反复按摩使牛肉充分吸收欧芹的香味。
2. 放入蒙特利、迷迭香、黑胡椒碎、海盐、酱香白酒腌制后放入 1 ~ 5℃冰箱中冷藏 8 小时。
3. 用高温将冷藏好的牛排煎烤至两面金黄，盛器上撒上迷迭香，将牛排装盘后用其他装饰材料装饰即可。上桌后可以配上浓烈的酱酒火焰。

制作关键

煎制的火候及排酸的时间要把握好。

古法鲍鱼芦花鸡

主料　六头烟台鲜鲍鱼 6 个，汶上芦花鸡半只（约 600 克）

辅料　红椒片适量，黄椒片适量

调料　盐 5 克，蚝油 15 克，胡椒粉 2 克，生粉 18 克，黄焖酱汁 50 克，花生油适量，蒜瓣 100 克，葱段少许

杨富荣

鲁西肥牛（重庆）餐饮管理有限公司品牌主厨

创新点

　　此菜采用古法黄焖酱制作，用砂锅烹饪。海陆食材巧妙结合，保留食材的原汁原味和细嫩的口感，鲜不可挡。

制作过程

1. 将烟台鲜鲍鱼肉清洗好，切花刀。半只芦花鸡切成 2 厘米见方的小块。

2. 在鸡块中加入盐、蚝油、胡椒粉、生粉和少许花生油抓拌均匀，腌制 5 分钟。

3. 打开卡式炉把砂锅烧热，放入少许花生油，将鸡块翻炒干，淋上腌鸡的汁和黄焖酱汁，放入蒜瓣，盖上盖子中火焖煮 15 分钟，然后放入鲍鱼，用勺子反复浇汤汁，使汤汁充分覆盖食材，焖煮 5 分钟，出锅后放上辅料和葱段即可。

制作关键

　　掌握好火候，特别注意放置食材的先后顺序。

赞词

是谁牵线鸡与鲍，
妙系汶河渤海缘。
趣客寻它千百里，
品过双搭赛神仙。

（张传建）

一帆满载白玉环

苏伟良

澳门凯旋门酒店中餐行政
总厨

主料	白萝卜 240 克
辅料	虾米 35 克，红菜头汁 200 克，南瓜汁 200 克，墨鱼胶 200 克，即食鲍鱼约 80 克（共 8 只，每只约 10 克）
调料	姜片 30 克，鸡汤 200 克，白糖 5 克，盐 5 克，鸡粉 5 克，植物油适量，生粉适量
装饰材料	番茜适量

创新点

以山东沿海地区盛产的鲍鱼制成风帆模样，象征山东对外开放规模不断扩大，经济起飞。"白玉环（还）"采用粤语字音双关，一指菜式的白萝卜环，也指人才返回山东发展。此外运用西式红菜头汁，使菜品呈现中西合璧的独特魅力。

制作过程

1. 将白萝卜去皮，切块，制成 8 个白萝卜环后入锅过油，再捞起沥油。
2. 另起油锅，将虾米及姜片放入锅中，爆香后，加入白萝卜环、水一同用小火烧至软烂。
3. 将白萝卜环抹干水后，在环里蘸少许生粉，将墨鱼胶酿入。
4. 用即食鲍鱼蘸少许生粉，放在已酿入墨鱼胶的白萝卜环上。将所有白玉环和鲍鱼造型做好。蒸 6 分钟。另起锅将生粉用鸡汤、白糖、盐、鸡粉煮成芡汁。
5. 先后用红菜头汁及南瓜汁围在白萝卜环外边，最后淋上鸡汤芡汁，用番茜点缀即可。

制作关键

1. 采用优质的墨鱼胶及冬天当季的白萝卜，并利用虾米将白萝卜环烧至入味。
2. 蒸菜式的时间需准确，确保菜式不会因蒸的时间过长而流失水分。

拔丝山药

主料　精山药 600 克

调料　白糖 250 克，花生油 1500 克，黑芝麻 2 克

孙鸿雁

韩国华侨华人联合会西餐
主厨

特点

　　整道菜品是色泽金黄，形似琉璃，口感香甜、脆糯，是女士、儿童较为喜爱的一道菜品。

制作关键

　　炸制山药需慢火炸至金黄、外酥里嫩。炒糖的火候一定要适当，否则成品发苦。

制作过程

1. 将山药去皮洗净，切成大小均匀的滚刀块，洗净，沥干水。
2. 锅内加油烧至 150℃左右，加入山药块，炸至外酥里嫩，捞出沥油。
3. 净锅内加清水，加入白糖，炒至呈深黄色，倒入山药块翻匀，加入黑芝麻即可。

赞词

三尺根深雨露沾，

白龙过水此中潜。

生平多少往来事，

一笑萦怀只说甜。

（张敬爱）

高厨烹珍筵华堂，

经典鲁菜美名扬。

琉璃丝缠怀山药，

浓情蜜意请君尝。

（孙鸿雁）

四喜丸子

武义栋

韩国华侨华人联合会中餐
厨房主管

赞词

切碎葱姜散肉丸，
热油锅里集千端。
盛来四喜食家赞，
汁满汤浓恰一盘。

（李宗健）

主料　　五花肉 400 克，荸荠丁 50 克，鸡蛋清 40 克，馒头末 40 克，油菜适量

调料　　葱米 20 克，姜米 20 克，盐适量，味精适量，五香粉 4 克，味极鲜酱油适量，葱姜水 100 克，水淀粉 50 克，桂皮 5 克，丁香 1 克，花椒 1 克，大料 2 克，白芷 1 克，盐 30 克，味精 20 克，老抽 20 克，花生油适量，清汤 2000 克

特点

味道丰富。

制作过程

1. 将五花肉切成 2 毫米见方的肉丁，加入荸荠丁、馒头末、葱米、姜米、盐、味精、五香粉、味极鲜酱油、葱姜水，搅拌均匀至上劲，加入蛋清继续搅打至上劲，团成大小均匀的丸子生坯。

2. 锅中烧油，用六成热将丸子炸至表皮酥嫩、色泽金黄，捞出。

3. 砂锅加入 10 克花生油，把桂皮、丁香、花椒、大料、白芷充分炒香，倒入味极鲜酱油，加入清汤、盐、味精、老抽。待砂锅中的汤烧开，加入炸制好的丸子，小火炖制 40 分钟，加入油菜稍炖即可。

制作关键

五花肉要四肥六瘦，调制时必须搅拌至上劲。炖制时需小火慢炖。

芙蓉鸡片

主料　鸡脯肉 400 克，蛋清 150 克，熟油菜心 3 棵
配料　清汤 200 克，盐 15 克，味精 10 克，植物油适量

秦杰

韩国华侨华人联合会中餐
主厨

创新点

　　整道菜品白如玉，形似铜钱，口味软糯、嫩滑，特别适合老人、儿童食用。

制作过程

1. 将鸡脯肉用料理机制成蓉，加蛋清、水搅拌至上劲，放温油中滑制成大小均匀的鸡片。

2. 锅留底油，加清汤、盐、味精，将鸡片煨熟，装盘后放上熟油菜心即可。

制作关键

　　滑鸡片的油温保持在 60℃ 左右，捞出后要沥净油。鸡片大小要均匀。

赞词

蛋清鸡脯待油开，
材料炒香妙手栽。
煨制还须凭火候，
金黄温润出锅台。
（李宗健）

锅塌黄鱼

叶建松

韩国华侨华人联合会中餐
冷菜主管

赞词

一尾黄鱼得味真，
刀花佐料最相亲。
腾挪翻转如抽笋，
锅塌佳肴博众宾。

（李宗健）

主料　大黄鱼 600 克

辅料　鸡蛋 150 克，面粉 50 克

调料　盐 15 克，味精 10 克，料酒 50 克，葱丝 5 克，姜丝 5 克，植物油适量，清汤适量

装饰材料　绿叶菜适量，胡萝卜丝适量

创新点

　　这道菜品一改传统的做法，利用整鱼的
形状成菜，色泽金黄，酥嫩鲜香。

制作关键

　　煎制鱼一定要控制好火候。成品要达到
色泽一致。一定要提前腌制。

制作过程

1. 将整鱼剔成两片，内部打十字花刀，用盐、
味精、料酒腌制，拍面粉，拖蛋液，煎至
两面呈金黄色，倒出沥油。

2. 锅内留底油，加葱丝、姜丝爆锅，加清汤
和煎制好的鱼，慢火煨制 5 分钟，出锅
改刀装盘，用装饰材料装饰即可。

肉末海参

主料　海参 8 只（约 400 克），肉末 200 克，香菇末 100 克

调料　葱末 20 克，姜末 20 克，花生油 20 克，生抽 10 克，盐 5 克，味精 5 克，老抽 10 克，香油 2 克，清汤适量

装饰材料　彩椒丁适量，绿叶菜适量

特点

参软糯，味咸香，装盘新颖。

制作关键

掌握好火候。

制作过程

1. 将海参发制好，用清汤煨制好。
2. 锅内加油，下入葱末、姜末、肉末、香菇末煸香，加入海参、清汤、其他调料煨制，收干汁水装盘，用装饰材料装饰即可。

辛香江

韩国华侨华人联合会中餐主厨

赞词

煨制为求一色均，
炒香肉末几番新。
由它带刺穿金甲，
终是温柔软骨身。

（李宗健）

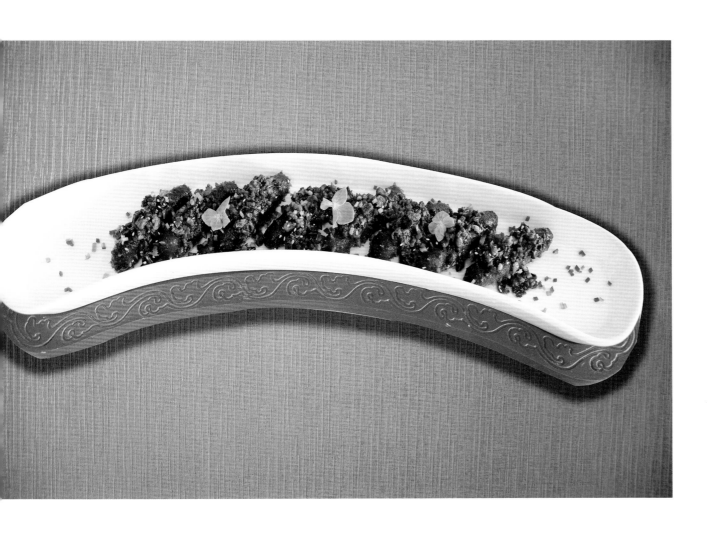

菠萝虾球

袁普华

德国普欧国际有限责任公司
总经理，德国山东同乡总会
慕尼黑分会执行会长，德国
中华文化艺术交流协会常务
副会长，德中合作交流协会
常务副会长

赞词

辣与甜咸黄与红，
大虾勾芡舞春风。
食材山水相融洽，
尽在垂涎顾盼中。
（李宗健）
花卉骄子南国来，
玲珑剔透巧安排。
与虾为伴品乡愁，
却望慕城是故乡。
（袁普华）

主料　菠萝 1 个（或 300 克），鲜虾 12 个（或 350 克），青椒 1 个，红椒 1 个，胡萝卜 1 个

配料　番茄酱 10 克，野山椒 8 克，红油辣椒 15 克，植物油适量，姜片适量，水淀粉适量

创新点

　　菠萝虾球为生活中的"甜蜜菜"，虾球形状如玫瑰、菠萝寓意爱情甜蜜，同时还有十全十美的寓意，象征对完美无缺的追求。

制作过程

1. 将虾洗净，去虾线，过油。青椒、红椒、胡萝卜切成片。菠萝切成块。

2. 锅内留底油，加姜片、野山椒、红油辣椒炒香。

3. 加入番茄酱，炒香后加入水淀粉勾芡。

4. 加入青椒片、红椒片、胡萝卜片、菠萝块，最后加入虾，再勾芡出锅即可。

制作关键

　　新鲜的食材才能做出美味的佳肴。买回的鲜虾必须要将虾线等清理干净。一定要过油，激发出虾的香味，才能做出美味的菠萝虾球。

红酒牛肋烩活鲍

主料　精选牛肋排约 300 克，威海本地四头鲍 6 个

辅料　青豆 5 克，三色堇 2 朵，酸膜叶 1 片，香米饭 40 克，面包 1 片

调料　拉曼红酒 50 克，葱 10 克，姜 10 克，八角 1 个，香叶 3 片，大蒜 10 克，鱼子酱 2 克，黄油 5 克，味精 3 克，冰糖 10 克，鸡粉 1 克，冰糖老抽 8 克，生粉 15 克，高汤适量

宋明涛

巴西山东侨乡会
威海海悦建国饭店行政总厨

创新点

　　此道菜品采用牛排与鲍鱼结合的创新吃法，烹饪上融合了西餐技法和鲁菜技法，使牛肉与鲍鱼口味相融。菜品汁香四溢，营养均衡。

制作过程

1. 牛肋排改刀成 5 厘米 ×3 厘米 ×3 厘米的大块。鲍鱼洗刷干净，放入温水锅中，煮 30 分钟，捞出后风干 4 小时。牛肋块氽水，放入高压锅，加入味精、冰糖、鸡粉、八角、香叶、大蒜、葱、姜、老抽、红酒、高汤等调料和鲍鱼压 15 分钟左右。

2. 牛排切下边角料，入烤箱烤香。

3. 面包抹上黄油入烤箱，用 180℃烤至表面金黄。

4. 用煮牛排的原汁、牛排边角料煨牛排和鲍鱼，加生粉勾芡。

5. 装盘后用辅料、鱼子酱点缀即可。

制作关键

1. 鲍鱼在去完内脏和黑膜后一定要用 50℃温水低温慢煮 30 分钟，保证鲍鱼的口感。

2. 牛排要选牛肋排，这个部位的肉较嫩，蛋白质含量较高。

3. 此菜一定要用高压锅压制 15 分钟再收汁，才能保证牛肉的口感，酥烂鲜香。

4. 需要用烤香的牛肉边角料加高汤煨制鲍鱼和牛肉。

莴笋鲍鱼片

侯浩晨

澳大利亚珀斯大华联会
北桥酒店厨师长

赞词

脆嫩莴笋露清香，
鲍鱼艳丽质嫩良。
相互辉映在舌尖，
味蕾跳动诗情长。
（侯浩晨）

主料　澳洲青边鲍鱼 1000 克，莴笋 100 克
调料　料酒 20 克，蒸鱼豉油 20 克，油 15 克，盐 5 克，青葱 10 克，鲜姜 5 克，小红椒 5 克

创新点

　　莴笋片清淡爽口，鲍鱼片弹性十足，更具有嚼劲，鲜香醇厚。

制作过程

1. 使用小刷子将鲍鱼清洗干净，抠除内脏及杂物，切成薄片备用。莴笋改刀成长段，切片。葱白、葱绿、小红椒切丝，放到清水里浸泡，泡到打卷。姜切薄片备用。

2. 起锅烧水，水开后放入盐、1 勺食用油，下入莴笋片，焯水 1 分钟，捞出莴笋放入冷水中浸泡。

3. 另起锅烧水，放入葱、姜、料酒，待水开后，煮出葱姜香味，下入切好的鲍鱼片，10 秒后即捞出，放入冰水中浸泡，然后将冷却的莴笋片按顺序在盘中摆放一圈，再将冷却的鲍鱼片摆在莴笋中间，葱丝和红椒丝摆在顶部，淋上热油，激发香味，最后淋上蒸鱼豉油即可。

制作关键

　　莴笋焯水时要放入少量的食盐和食用油。焯水后一定浸泡冰水。鲍鱼片焯水时间最多 10 秒即可。